U0307183

枯山水的源与意

【英】史蒂芬·门斯菲尔德 著
任艳 译

华中科技大学出版社
http://www.hustp.com
中国·武汉

前衬页图片： 东福寺Tofuku-ji Temple（见115页）用旧时寺庙厕所中的石柱建造的侧庭。

后衬页图片： 赖久寺Raikyu-ji Temple（见128页）庭园后期在砂坪边缘铺上的平石板。

第1页图片： 正传寺Shoden-ji Temple（见121页）绝佳的“借景”(shakkei)。

第2页图片： 赖久寺Raikyu-ji Temple（见129页）的石阶通向石组“须弥山”(也有人解读为“鹤石”)。

右图： 金刚峰寺Kongobun-ji Temple亭阁旁巨型花岗岩石组。金刚峰寺是位于和歌山县（Wakayama Prefecture）高野山（Mount Koya）的真言宗派(Shingon sect）寺庙，是神圣的佛教建筑群。

目录

前言

第6—7页图： 名为“中海”(Chu-kai）的石组由三块石头组成，这是其中的两块。这一石组位于京都北部大德寺（Daitoku-ji Temple）的大仙院（Daisen-in Temple）内。

上图： 图中的竹水管、垫子和茶壶表明私人庭园除了用于静修参禅之外，也有其他用途。

18世纪，享有“圣诗之父”美称的诗人以撒·华滋（Isaac Watts）认为，若要寻一处静修参禅的理想所在，那便非庭园莫属：

幽静庭园，墙垣环绕，
精心雕琢，远离纷扰；
静谧优雅，并世无双，
出落凡尘，我自芬芳。

在这样天然幽静的角落，我们使自己的心灵沉静，走进内心深处的庭园。那里草木丛生却静谧祥和，生机勃勃却怡然寂寂，神祇之意随处可寻，恰如弗朗西斯·培根（Francis Bacon）于一个世纪之前所言：“万能的上帝，为我们建造了第一座庭园……。”

我们与自然，神祇与人类，是一种融合共存的关系。而每当文明社会让我们的灵魂困顿饥渴，我们的内心便会不时地生出新的渴求。而庭园总能帮助人们去体悟这种融合共存，让我们得以在其中寻得一些心灵的慰藉。我们深信万能的神是这处乌托邦的缔造者。因为我们从不认为人类自己也可以有如此鬼斧神工般的能力，我们所能建造的不过是污秽不堪的敌托邦而已。

“上帝，第一座花园的建造者；该隐，第一座城市的建造者。”这是17世纪诗人亚伯拉罕·考利（Abraham Cowley）在尝试解释人类需求及其局限时所说的话。责任与克制二者是真实存在的，也是我们应遵循的基本准则。上帝在世界各地建造着美丽的花园，把美好播撒到人间，而我们人类作为“该隐的孩子”，却在茫茫荒野中制造着混乱。

亚洲人对待静修参禅的态度正是人类这一内心需求的最美表达方式，也是其唯一的解决途径。这一点在日本枯山水园林中得到了最好的体现。而这也正是本书探讨的主题所在。

“枯山水”这一名字听上去似乎是矛盾的，与传统认识中的园林背道而驰。传统的园林通常是生机勃勃的，而且一定少不了花木绿植，随着时间的推移和季节的更替，园林的样貌也在植物的发芽、抽穗、开花、结果中随时发生变化。然而，当我们用心审视“日本庭园”——这些人们静修沉思的角落时，才会发现其意义和价值恰恰就在于它的“枯”。正如涓涓细流非冥想参悟之必须，阔水深池也非深邃修养之必需。

伴随着日本茶道和花道的盛行，节俭之风也流行开来，人们开始尝试用至简之法创造静谧美好的方寸世界。石景园林也以同样的方式为人们创造出了一处理想景观，一座精神花园。

人们可能会把这种看似简朴的东方石景园林和他们更为熟悉的西方花园进行比较。与石景园林迥然不同的是，西方的花园通常都是一派花团锦簇、枝繁叶茂的景象。以凡尔赛的花园为例，园林的建造通常基于如下设定：人是宇宙的主宰；万物各有其所；世间的完美可以通过乔木、灌木、花卉的分布得以体现。这是一种基于简单事实的人性化观念。

东方的园林也不缺乏人性理念，但是其建造却并非基于欧洲文艺复兴后期的思想理念。从根本上来看，这些园林受宗教思想的影响反而更多，如密教赋予了日本园林独有的哲学导向。

这种庭园看上去就像是印度宗教或佛教中象征宇宙的曼荼罗（mandala）。修行者们在凝视静赏庭园景观的同时，也在参禅悟道。透过庭园景观，他们看到了一个微缩的世界。这便是冥想参悟的方法，可以借此来连通和调解个体和自然的关系。

在日本的石景园林中，富有禅意的景观设计通常追求至简，只关注基本构成元素和意境精髓。它呈现出来的内容（当然是经过精心设计的）在丰富程度上完全不输凡尔赛的花园，却与之截然不同。

在后续的精彩章节中，读者们将会了解到日本枯山水园林的主要构成。日本人不断尝试将一花一石的精华呈现出来，所谓“一沙一世界”，这一做法也反映出了他们对待自然的态度。然而，要想理解这一点，就必须要了解这种枯山水景观的特征。

对于日本人而言，他们试图用这种天然石组呈现出的独特景观来无限接近自然的状态。与凡尔赛的花园“逆天而行”的做法不同，日本石景园林讲究顺应自然。人们将砂石打理出平行的纹理，精心修剪植物，设计石头的摆放方式，而这样做的目的是为了还原自然的本来样貌。这也是我们所要参悟的禅意所在。而打理砂石纹理和维护庭园景观本身也正是一种修行参禅的过程。

欣赏这样的枯山水园林，就如同在凝望一片通往禅悟之境的虚空。透过这些砂石，绿意盎然的未来便在静修参悟中从看似枯寂的过往中萌生，而这正是本书的精华所在，即“枯山水园林的源与意”。

唐纳德·里奇（Donald Richie）

第一部分

日本枯山水庭园概述

"晨光透过薄雾洒落在石头潮润的表面上。"

——比丘尼千代妮（Chiyo-ni）

日本古代庭园

石头对于古代日本人来说意义非凡。在泛灵论（Animistic）时代之前，大型岩石被用作圈占财产和领地的标志物。可以说，岩石似乎从最初就有着格外神秘的用途。建筑师丹下健三（Kenzo Tange）曾说过："人们总是试图将自然与时空中那隐匿无形又神秘莫测的力量用具体的形式呈现出来。"

在那个尚未出现庙宇、神社、神龛的时代，人们会选择大自然创造出的天然场所进行朝拜。那是一个万物皆有灵的时代，植物、高山、河流都受到神明旨意的安排，各得其所。尤其是那些体现自然强大力量的存在，如凌空而下的瀑布、气势刚猛的巨石、历经百年的古树等，都被认为是神（kami）最有可能出现的地方。后来，人们用一种叫"磐座"（iwakura）的巨型砾石建起了神圣的朝拜场地，以便更好地接收神明的旨意，虔诚地膜拜，祈求神明庇佑。这些最初的朝拜之地通常建于林间空地，周围可见遍地卵石的河滩和天然形成的瀑布，这大概便是日本"庭园"最初的样子。

现在在日本的很多地方，依然可以看到这些被称为"神位"的巨石的旧址。有的被安置于神殿显眼的位置，有的位于村子的角落，还有的掩映于山间的灌木丛中。在那个佛教尚未出现的古老时代，石头代表的并非神明本身，而是向神明朝拜和祈愿的媒介。人们通常在这些代表神明的石块周围清理出大片的空地供人们朝拜之用。当时的人们会把"注连绳"（shime-nawa）[即秸秆制成的粗绳，后来改用"御币"（gohei），即一种纸制长带]，系到四周古老的柳杉树上，以此来标注其边界。日本仓敷市（Kurashiki）阿智神社（Achi Shrine）的巨型花岗岩石组就是将古老的神道教（Shinto）和枯山水庭园结合起来的典型代表。许多园林历史学家和作庭师认为，神道教思想与园林艺术的结合为后来日本枯山水庭园的设计提供了灵感之源。

还有一些祭祀神灵的场所是被称作"磐境"（iwasaka）的环状列石，柱状的岩石环绕中央的主石排列。这些早期

上图： 瑞峰院（Zuiho-in Temple）中的长石，表现出了海水环绕海岛的意境。

第10—11页图： 作庭师重森三玲（Mirei Shigemori，1896年—1975年）居所内的庭园。用草绳缠绕的小石块叫做“关守石”（*sekimori-ishi*），它提示着此处禁止访客入内。

右图： 江户时代（Edo period，1603年—1867年）手稿，记录了当时人们搬运石头的场景。

祭祀神明和先祖的场所虽然算不上是严格意义上的庭园，但其中精心规划的石组无论从美学欣赏还是从精神意境的角度来看，都算得上是日本庭园的雏形，也标志着其遵循自然规律这一基本理念的开端。这些早期的祭祀场所主要用来朝拜和祭祀，因此在美学方面的考虑不是首要的。当然，那个时期的日本人也同样懂得欣赏石刻雕塑的美，这一点也是毫无疑问。

在那之后，作庭师们也积极地将各种鲜明的本土设计元素运用到他们的庭园创作中，使得日本庭园的美学元素更加丰富多样。后来，人们开始从别处采石，专门用于作庭，这一做法使得真正意义上的庭园建造理念逐渐成型，而石头也逐渐成为了典型的作庭要素。

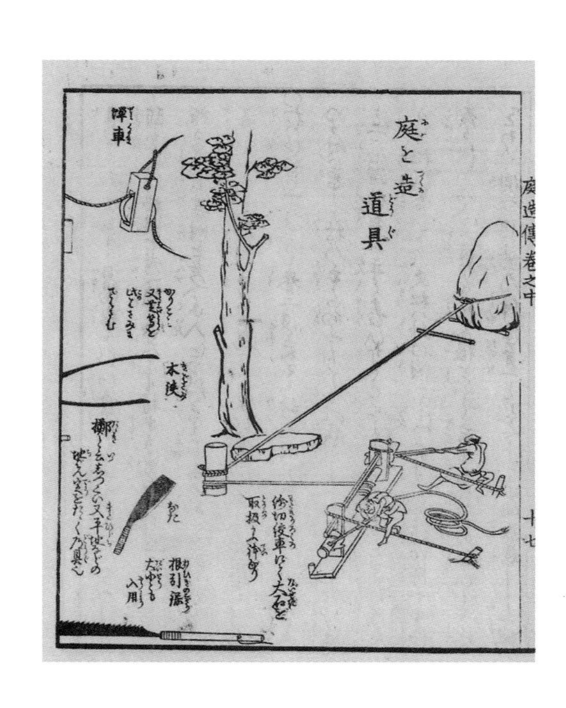

左页图： 京都上贺茂神社（Kamigamo Shrine）前用于古老宗教净化仪式的两个砂堆。据说日本许多饭店在门口放置盐堆来驱灾辟邪的做法就源自于此。

左图： 京都吉田神社（Yoshida Shrine）古老的磐座，上面缠有被称为注连绳的草绳。

在庭园随后的发展中，人们又在石头周围设置了一层白色的碎石或沙砾（masago）。这一时期使用白砂的做法对中世纪时期枯山水庭园设计中诸多元素的出现和应用（或许是作庭师们的巧心设计，也或许是无心偶得）也有着深远影响。这些白砂被称作“结界”(kekkai）或“边界区”，是分隔神明和凡人的边界，同时又是人间和神界的交界处。作为一种净化仪式，后来人们也会将白色的砂石铺在神社周围的地面上、宗族主宅外的仪式区内以及佛教的寺庙里。这些神圣的场所叫做“斋庭”(yuniwa)，也是重要人物集会并举行政治和宗教仪式的地方。在有些神社和寺庙中还能看到圆锥形的砂堆。据说这是早先人们专门储备起来备用的砂粒，时间久了以后，就需要用新砂替换庭园中的旧砂。后来，同样出于净化的目的，日本皇宫主厅前的空地上也开始用砂铺盖表面。

在真正意义上的宗教和哲学出现以前，石头就已经在日本人的精神世界中占据重要地位。这一点可以从日本北部秋田县（Akita Prefecture）的大汤环状列石（Oyu stone circle）中得到证实。这是设于日本绳文时代晚期(Jomon period，约公元前2500年—公元前1000年）的一系列精心规划的人造石组。

如果说在那个时代，石头被视为与有灵万物的沟通媒介，那么到了后来的古坟时代中后期（Kofun period，300年—710年），石头则有了更多实用价值。古坟时代有很多用泥土和石块建成的坟墓。目前在日本九州沿海和濑户内海等地已经发现了多处这样的坟墓遗址。类似的圣地如“式之神篱”(shiki no himorogi)，早在8世纪就已经在日本出现了。其周围会用卵石铺地，用圣绳围界，主要用来举行宗教净化仪式。

日本本土宗教神道教源自于泛灵论思想，并吸收了中国道家“人与水木山石等自然万物同根同源，自然万物是人的强大的精神家园”这一思想。日本善于融汇众家之长，兼收并蓄，这一点在它最初接触中国儒家、道家学说和佛教思想时就得到了充分体现。道家所谓的仙境是漂浮于茫茫大海的诸多岛屿，上面有神仙居住。传说这些仙岛由巨型海龟托着漂浮于中国东海之上，长生不老的神仙们便生活在那里，人们对这些仙岛的存在深信不疑。

上图： 彦根市（Hikone）玄宫园（Genkyu-en garden）中一景。名为“乐乐园”（Rakuraku-en stone garden）的枯山水庭园用石组呈现出了精美绝伦的“瀑布”景观。

下图： 岛根县（Shimane Prefecture）松江城（Matsue Castle）的石墙，它表明在这个具有木文化传统的国家，石文化也同样有着重要地位。

早期庭园

日本庭园设计艺术的出现可以追溯到公元6至7世纪，那时中国和朝鲜的正统园林观念传入日本。这一时期也恰好是第一次亚洲文化浪潮在飞鸟时代（Asuka periods，593年—710年）、奈良时代（Nara periods，710年—784年）和平安时代（Heian periods，794年—1192年）进入并影响日本的时期。但是，日本早在史前时期就已经出现了主要的庭园元素，并且作为本土庭园的主要特征对后来的枯山水园林产生了一定影响。

日语中表示“庭园”的词有多个，但最能体现庭园

上图： 中国苏州的一处园林景观。这样的中国园林设计风格及假山造型对日本早期庭园设计产生了巨大的影响。

意境的大概要数“庭园”（*teien*）这个词了。“庭园”是个由“庭”（tei）和“园”（en）两个汉字构成的复合词，“庭”指的是处于原始状态的自然界，就像早期农业社会无人打理的荒野，而“园”则表示经过人为管理的自然界，就像精心打理过的田地一般。“庭园”这个词就代表了这两种自然状态的融合与平衡。

此外还有一个词是“院”（*niwa*），即庭院的通称，这一说法在日本历史开始之初就已经有了。那个时候日本还没有受到来自中国的正统园林观念及佛教文化的影响。这个词还用来表示“开放的庭院”，也可引申指“铺有砂石的神圣之地”。随着农业社会的不断发展，这个词后来被用来指农舍前土质较坚硬的区域，人们通常在这里迎送客人或进行其他日常活动。

神道教神社的庭院以及京都御所的前花园就是这种开放式庭园的典型代表。神道教神社的庭院通常会有两个被称作“净之森”（*kiyome-no-mori*）的砂堆，代表着圣洁。这种白砂庭园以及后期更加精致、更加理想化的庭园在奈良和京都地区都可以见到，这就是日本庭园的雏形。

6世纪之后，当时处于鼎盛时期的唐代先进文化传播到了日本，并对日本产生了深远的影响。607年，小野妹子（Ono-no-Imoko）带领使团出访中国，带回了介绍中国园林建造的诸多著述。612年，百济国人路子工（Michiko-no-

左页图： 奈良东御苑（To-in Temple）池塘边的庭园景观于1967年发掘，并于1998年对公众开放。体现了石头在日本早期庭园建造中的应用。

Takumi）以佛教宇宙中心须弥山（Shumisen）为原型为推古天皇（Empress Suiko）建造了一座庭园。

日本在学习中国和朝鲜的园林建造模式和审美风格的同时，也借鉴了用石头造园的做法。日本造园所选用的石头很好地体现了他们极简的审美观，他们代表着自然的力量，体现了神道教精神。中国园林多用太湖石和石灰石来设计造型。堆叠的石头布满天然孔洞，饱含勃勃生机，这种趣味盎然的石组造型至今仍备受中国人的喜爱。日本人造园时对石头的选择却有所不同。他们所呈现出来的往往是更加细腻、内敛的石组，所用的石头表面相对平滑，被雨水冲刷过后更加美观夺目。

894年，日本停止向中国派遣遣唐使，中国和朝鲜园林设计对日本园林的影响也因此而逐渐减弱。日本随后进入了一个文化内省的阶段，在各种园林观念经过去芜存菁的蒸馏过程之后，日本独特的本土园林艺术开始萌芽。这种新的造园风格更符合其自身造园条件和气候环境，形成了真正意义上的日式园林设计。至平安时代末期，日本园林艺术发生了质的变化。

私人庭园

在平安时代，日本宫廷中享有特权的贵族阶层并不了解也毫不关心平民阶层的生活状况，他们更关注的是吟诗作画、风花雪月、优雅浮奢的贵族生活。就是在这一时期，作庭师开始将自然山水风格精简浓缩于庭园中，并尝试在围墙内的这一方天地里呈现四季轮回。

春天，皇宫贵族们会走下观景台，走出亭台楼阁，或聆听音乐演奏，或泛舟于湖上，抑或参加源自中国传统的雅集会。现在，中国故宫宁寿宫花园中还可见一条颇有典故的人造溪流。4世纪时，中国“书圣”王羲之曾在溪边约同四十余位文人墨客一起把酒言欢、吟诗颂词，赞颂美

左图： 京都妙心寺（Myoshin-ji）退藏院（Taizo-in Temple）的荷花。在佛教中，荷花被称为“莲花”，是“佛”的象征，有圣洁、清净之意。

右页图： 千叶县（Chiba Prefecture）锯山（Mount Nokogiriyama），午后阳光照射下的佛像雕刻。

好的春天。目前，除了位于日本北部平泉町（Hiraizumi）的毛越寺（Motsu-ji Temple）庭园和奈良精心修葺重建后的东御苑（To-in Temple），其他的园林早已淹没于历史长河中，现在仅能看到部分发掘出的园林遗址。

这一时期的日本庭园风格为“寝殿造庭园”（shinden-zukuri），主要受中国寝殿（shinden）对称结构的影响。为了能够清晰地勾勒出庭园空间，将宏大的自然山水再现于一方相对狭小的庭园，作庭师运用了缩微景观的技巧。一般来说，寝殿南端是一座庭院，即叫做“南庭”（nantei），上面铺设细砂。虽然这片区域主要被用作射箭、斗鸡、诵诗等的活动场地，但它同样具有美学和精神意境。

到了室町时代（Muromachi period，1393年—1575年），中国禅宗（Zen）传入日本，大量小规模密宗寺院也在此时得以兴建。在这一趋势的影响下，寝殿造庭园开始向“书院造庭园”（shoin-zukuri）风格转变。最初，“书院”（shoin）就是一个小型书房，是方丈室（hojo）或住持居所（abbot's quarters）的一部分，可以从此处观赏庭园风景。渐渐地，书院造庭园发展成为室内待客和观赏园景的造园风格，庭园从原来的回游庭园变成了“观赏庭园”（kansho niwa），观赏者可从室内来观赏庭园景色。庭园中铺有砂石的院子与主厅毗邻，在空间允许的情况下，还会增加枯山水园景。到了江户时代，几乎所有的方丈室都是这种风格。

神山

朝鲜学者在6世纪中叶将佛教传入了日本，但事实上，佛教传入日本的时间似乎要比官方记载得更早一些。早期神道教会在人们祭祀朝拜的场所或其周边地区建起神社。佛教信徒也以同样的方式在很多古老神圣的地方建起了寺庙。在日本乡村地区，寺庙周围通常都会设有磐座。

人们接受了佛教思想之后，佛教的象征和标志就开始被运用到了早期的庭园设计中。造园时会用石头打造出佛教中的须弥山。佛教思想认为须弥山是宇宙的中心，周围被八座稍低一些的山峰和八片海域环绕。中国园林会用低矮的石头围绕直立于中央的巨石来营造出高耸的须弥山被众山环绕的景象。这也成为了日本庭园的核心主题。这种庭园构造与古老的磐座共融共生，相得益彰。

“枯山水”（karesansui）这一说法最早开始于11世纪。当时的造园典籍《作庭记》（*Sakutei-ki*）中就记载了这

种不用一滴水却能用其他元素表现出自然山水的作庭方法："作庭时园中无池无泉，只用石头作为作庭要素，这种作庭方式被称为枯山水。"这一时期一些水源条件差的庭园都开始用枯山水的方式来作庭。

或许正因如此，日本的许多庭园学者才下结论说，镰仓时代（Kamakura period，1185年—1333年）后期和室町时代的枯山水庭园只是当时已有庭园形式的扩展和延伸，并非全新的庭园建造形式。到了室町时代末期，作庭时开始大量使用卵石与岩石，并基于泛神论的思想，认为这些石头是有灵性的。这种庭园设计风格日趋完善，逐渐成为一种全新庭园设计的雏形，形成了一种真正意义上日式庭园所独有的建造模式。

上图： 位于岛根县松江市（Matsue）宍道湖（Shinji-ko）畔的地藏菩萨石像。

在用石头作庭之前，道家的庭园设计师通常会逐一查看石头上是否有"龙脉"，是否具有好的风水特征，是否灵气充沛等。道家认为它们是连通世界万物的纽带。

平安时代的庭园中，石头和水都是至关重要的作庭元素，但其应用并非只是为了赏心悦目的设计效果。石组的摆放也往往具有祈福避祸的寓意。《作庭记》中就有关于石头消灾避祸的相关记录，比如直立的石块代表高山。摆放时也很有讲究，正确的摆放位置可以增强灵气，而错误的摆放位置则会抑制灵气。石头也不可以摆放在房屋支柱的延长线上，否则会给屋主带来不幸。大型直立石块不可摆放在庭园的东北方向，因为这里被称为“鬼门”，摆放在此处的石头会使大门打开，导致恶鬼被释放进来。

巧妙的石组摆放仿佛可以赋予石块以生命，石块之间似乎可以用超乎自然的方式彼此对话。这种石块间的呼应就像是佛教徒诵经的场面。作庭师与庭园中各元素之间进行某种沟通与对话也是日本庭园艺术所独有的理念。这一理念甚至比《作庭记》的出现还要早。《作庭记》一书也认为要用心聆听并遵从每一块石头的“本心”。石组中的“主石”奠定着石组的整体基调，其他石头则遵从“主旋律”，起到承托依附的作用。

约翰·海斯（John Hays）在《能量之核心，地球之脊骨》（*Kernels of Energy，Bones of Earth*）一书中引用了18世纪百科全书中对石头的诠释：“石头是能量之核心。石块自能量中积聚成形，就如同人体血液滋养齿甲……地球有众多高山险峰作为其强大的支撑，而石头则是地球的骨骼。”石头纹理清晰、表面凸显的一面为“正面”；石头的顶端称为“天”，在很早以前也被称为“头”。通常，在冬季到来时，最适合去欣赏和感受这类庭园的内敛特质。绿色植被在冬季不见了踪影，石头表面便更清晰地裸露出来。

盆景式庭园

如果说中国园林以石为岛的设计蓝图在日本备受推崇与模仿，那么“水石”（suiseki）或缩微石景园林则对后期日本枯山水庭园的设计产生了深远的影响。“水石”一词字面意思即为“水”（sui）与“石”（seki）的结合，起源于约中国东汉时期。造型各异的奇石异石被摆放于盛满水的托盘当中加以展示。基于对中国传统水墨山水画的模仿，这种水盘石景所表现出来的是佛教与道教传说中的仙山、仙岛以及茫茫大海。

6世纪时，出访到日本的中国使者将这种盆景式“水石”带到了日本。日本当时本来就有对石头的崇拜，推古天皇对这一缩微石景自然欣赏有加。这份来自中国皇室的礼物代表着中国当时流行的园林风格：石头造型浑然天成，表面凹凸不平，给人以沟壑纵横、粗犷嶙峋之感，仿佛直冲云霄的高山险峰。在中国人看来，除了石头本身的天然之美，其哲学寓意也在盆景组合中得到体现。石头代表“阳”，是刚强坚毅的男性力量的体现；水则代表“阴”，表现出来的是女性的温润、神秘、细腻、柔和。日本在其庭园设计中借鉴了这种盆景模式，并依照日本本土的审美进行了调整。

“盆景山水”（bonseki）是一种以石头为主要元素（甚至是唯一元素）来体现自然景观的园林风格，与禅宗寺庙庭园的风格非常相似。这种庭园风格讲究三角平衡，追求不对称的设计风格，这一点在枯山水庭园中也得到了沿袭。室町时代的枯山水庭园具有更加平面化和极度精简的特征，这似乎也印证了盆景山水对枯山水庭园的重要影响。这种可以随意搬动的盆景作品从中国传入日本，在镰仓时代常被当做文化艺术品陈列展出。

盆景山水不需要开阔的庭园空间，这一点非常符合日本的国情。日本农业和园艺的发展在很大程度上受到空间的限制，因此体现出高度自律、顺应自然、精巧娴熟的特点，天然且微缩的艺术作品更受推崇。由此看来，日本人在欣然接受盆景山水的同时，也必然对其进行了改良与完善。

以小见大，寓山于石，将广阔世界的力与美浓缩于一方狭小的空间，这便是日本枯山水文化所要阐释的意境。12世纪时，中国学者杜绾在其著作《云林石谱》中写道：“在方寸之间展现万水千山。”日本庭园历史学家伊藤郑尔（Teiji Itoh）也提出了类似的观点。他认为，通常日本庭园被看作是一种微缩景观，呈现出来的是一种“向外无限扩展的意境，可从庭园扩展到自然界乃至整个宇宙”。

"色即是空，空即是色。"

——《心经》

精神庭园

上图：《筑山庭造传》(*Tsuki-yama Teizoden*) 中妙心寺的枯山水庭园用砂纹表现出力的流动以及石头之间的相互关系。

右页图： 京都银阁寺（Ginkaku-ji Temple）平顶锥形砂堆的影子。该砂堆被比作富士山（Mount Fuji）和佛教宇宙中心的最高峰须弥山。

中国似乎是世界上最早开始通过造园来再现自然景观的国家，也是最早将庭园作为禅修之地的国家。公元前6世纪时，道家的老子就认为庭园有助于修行，能助人于虚无中悟道。

从枯山水庭园的演变发展来看，庭园最初是对外部自然的一种再现，继而转变为对人内心世界的一种表达方式。宋朝时期，中国文化及禅宗传入日本，对镰仓时代的日本产生了巨大的影响。这称得上是来自中国的第二波文化与宗教的浪潮。随着这一波浪潮的到来，日本受其影响，开始关注人的内心世界。

与基督教不同，禅宗讲求人的自我救赎，而非上帝救赎。与平安时代普遍盛行的密宗也不同，禅宗宣扬事实真理，而非教义信条。因此，禅宗在日本迅速传播，信服者众多。在这一次文化与宗教浪潮的影响下，人们开始透过现实生活和自然世界的表象去探求隐藏在深层的事实真理。

这种对内心世界的探索使得庭园建造风格褪去了表面的浮华，成就了中世纪禅宗寺院以及武士住宅中简朴的庭园设计风格。

此时日本庭园的设计理念有了较大的改变。虽然所用的造园材料依旧取自天然，但对自然的表现却趋于抽象。这一时期的庭园设计凸显的是自然的内在本质，而非外观。随着禅宗的盛行和武士阶层的崛起，人们对于庭园风格的喜好也随之改变。颜色暗沉、朴实无华、内敛纯粹的石头更多地被用于庭园石组中。为了呈现深邃幽玄之意境，在选择石块时也往往弃直白而重留白，给观赏者以思考和想象的空间。

著名禅学高僧及作庭名家梦窗疏石（Soseki Muso）进一步推动了枯山水庭园的发展，先后设计建造了京都西芳寺（Saiho-ji Temple）庭园和位于城郊岚山（Arashiyama）的天龙寺（Tenryu-Ji Temple）庭园。

作为日本庭园建造史上的第一人，梦窗疏石在天龙寺庭园的建造中首次提出了将庭园用作禅修之地的理念，并

下图： 庭园建造指南《筑山庭造传》（*Tsukiyama Teizoden*）中的大仙院庭园图例。图的下端标注着每一块石头的名字。

上图：龙安寺以砂为海、以石为岛营造出与世隔绝的海中石岛。

将庭园观赏模式从回游式转变为坐观式。通常寺院的住持居所是观赏庭园的最佳位置，也是最适合参禅静修的所在。

禅宗思潮的影响

禅宗反对封建迷信，造园时会以更加纯粹、抽象的方式来呈现石组。禅宗庭园往往会营造出有助于静修参禅的环境氛围。因此，它既是禅修的辅助形式，也被视为艺术作品，就如同一幅展开的画卷。禅修庭园较早的代表之一便要数宏伟的龙安寺（Ryoan-ji Temple）了。这座著名的寺院始建于1499年。另外一座具有代表性的禅修庭园是建于1517年的京都龙源院（Ryogen-in Temple）的北庭。龙安寺是“空寂庭园”（mutei）最典型的代表。

“空寂”（ma），即有助于修行的一种虚空状态，是禅修庭园的精髓所在。“空寂”，是造园的技巧之一。庭园如一幅精心刻画的艺术作品，佛教中的“空寂”便借助禅宗的核心概念“虚无”（mu）在其中得以体现。枯山水的设计者们将空寂作为美学手段，倡导“留白之美”（yohaku-no-bi），在创造出空寂之美的同时又极富禅宗蕴意。

稻次敏郎（Toshiro Inaji）曾在书中写道：“最理想的庭园应该是脱离了现实的具体形态，讲求理念与寓意的传达。”除了庭园实景，庭园设计还应注重深层意境的体现，让观赏者可以从不同的角度与层面进行解读。对于寺庙中清修的人们来说，这些庭园应该是一处能让他们感到身心愉悦而非庄严肃穆的场所。庭园作家立原正明（Masaaki Tachihara）曾说过：“随着禅宗文化的发展，枯山水庭园被打造成了禅宗修行者理想的清修之地。”

社会的动荡与稳定

枯山水庭园的发展不仅受到宗教和美学的影响，社会环境的变革也对其影响巨大。例如，武士阶级社会地位的上升以及他们崇尚简约的美学观念就对枯山水庭园的发展产生了重大影响。马克·P. 基恩（Marc P. Keene）在他的《日本庭园设计》（*Japanese Garden Design*）一书中就曾用实例来证明枯山水独特的内敛风格（甚至可以说是避世的风格）其实是对当时时代动荡的反映。他在书中写道：“庭园设计往往受整体社会环境影响，因此在那个时代，庭园设计风格变得消极避世、与世隔绝、封闭含蓄。”庭园表现出来的主题风格更接近于唐朝诗人笔下所描绘的超凡脱俗的自然山水，似乎是对当时日本封建社会战争频发、衰败凋敝这一现实的逃避。令人备感意外的是，庭园设计所体现出来的动荡不安以及消极避世的趋势却并没有妨碍经济的发展及文化艺术的繁荣。在充斥着恐惧与不安的社会环境下，禅宗寺院成为了支持艺术发展的民间力量。它们为人们提供相对安全的场所以继续艺术创作，如能剧、俳句以及庭园设计。

1467年至1477年，日本爆发应仁之乱（Onin War），封建领主之间展开残酷内斗，最终使得京都近半被毁。易燃的木结构建筑在战火中被烧成灰烬，人们不得不在废墟之上重建家园。当时，推崇枯山水庭园的禅师们对新城建筑风格影响巨大。随着土地和建筑成本的增加，经济因素也成为了小型易打理庭园渐受青睐的原因之一。这一时期的庭园风格相对来说更加内敛抽象，妙心寺（Myoshin-ji Temples）和大德寺的庭园就是这一风格的典型代表。

当时日本文化生活的重心从贵族宫殿转移到了武士住宅及武士阶层支持下的禅宗寺院。平安时代盛行的池泉式寝殿造庭园被禅宗寺院的书院造庭园所取代。庭园通常建在住持居所外的前方空地上，设计风格并不讲究对称。寺庙和宅院内的空间对于造园来说略显狭窄，但是对于优秀的禅宗作庭师来说，有限的空间并不是造园的障碍。因为禅宗思想认为规模的大小是一个相对的概念，枯山水庭园中既可见缩微景观，又可见无限空间及浩瀚宇宙。

此时的枯山水庭园在建造风格上尽量避免了人工斧凿的痕迹，运用不同造型的石组，以白砂铺地，两者相辅相成，相得益彰。之前注重视觉化和叙事化风格的净土庭园及回游式庭园风格开始发生改变，庭园设计力求将无限的自然世界与浩瀚宇宙凝练于方寸一隅。人们可以在这方天地中，心无杂念地静心参禅。枯山水庭园中的主要元素及其宗教禅意也在静修参悟中变得愈发分明，石头代表永恒宇宙之框架，而砂子代表处于不断变化当中的当下世界。

右页图： 京都建仁寺（Kennin-ji Temple）内的庭园。屋中铺有大大的榻榻米，为来访者提供了绝佳的冥想静思之地。

左图： 诗仙堂（Shisen-do）庭园呈现出了时空流转的意境，从图中可看到历经岁月沧桑的门廊，以及远处庭园边缘精心修剪的杜鹃花。

思想启蒙与禅宗寓意

禅宗寺庙里面的砂石庭园被称作“枯山水庭园”。用细细耙制的白砂石和叠放有致的石组便能表现高山、河流、海洋及岛屿。平安时代的枯山水庭园是规模较大的回游式庭园，可以从不同角度进行观赏。而到了室町时代后期，枯山水庭园则被设计成室内观赏庭园，附近的门廊或大厅是观赏庭园的主要场所。这种“观赏庭园”代表了日本庭园发展史上一次极具创新性的飞跃。观赏者会更加关注庭园景物所表达的禅宗寓意，而非园景本身。

作庭师在庭园设计时会将禅宗寓意蕴含其中，使得庭园既可以作为冥想参禅的场所，又可以作为禅宗宣讲佛法的道场。精心摆放的石组可以表达丰富的禅宗寓意，这其中最典型的例子要数“龙门瀑”(ryu-mon-baku）了。这是枯山水庭园较常见的设计主题之一。整个石组的排列摆放是根据中国“鲤鱼跳龙门”的寓言故事来设计的。传说中鲤鱼顺着河流游到难以逾越的三层水瀑前，能飞跃过瀑布的鲤鱼会变身为龙。日本人将故事寓以禅意，教导清修的人们静心参禅，苦修自律。

京都大仙院中的枯山水庭园则形象地展现出了“生命流动”之寓意。园景后方是一块直立的巨石，白砂从那里向外缓缓“流出”。这些“山谷”深处流出的“河水”是生命之源的象征，亦代表大千世界及真理之本源。

白砂描绘出的溪流慢慢汇聚成河，汹涌澎湃，流经代表长寿的龟岛和鹤岛，最终汇入精心耙制的砂纹所代表的茫茫大海。广袤无垠的大海也代表了极乐净土的宁静与永恒。虽然这种枯山水庭园偶尔也会栽种开花树木，但从根本上来讲，枯山水庭园并不关注四季变化，它体现出的是时间的永恒。

这种枯山水庭园很好地诠释了禅宗的主要理念，即：庭园并非只是对自然的模仿，而是自然最好的表现形式，是借助人工雕琢与设计来展示自然精髓的途径。日本庭园著述中并没有关于禅宗和枯山水庭园相互关系的论述，但可以说，枯山水庭园以其特有的文化氛围为禅宗的修行提供了绝佳的环境。

河畔居民

泥土在日本人看来是不洁之物，因此他们会尽量避免与泥土接触，尤其是处于社会上层阶级的人更是如此。唯一的例外就是禅师们了。他们不受社会阶层和社会偏见的影响，负责庭园的日常维护工作：耙制砂石，收拾落叶、杂草，清理动物尸体等。禅师们最初是在相对专业的作庭师指导下习得了作庭技巧及其日常维护。通晓作庭技艺的禅师被称为“石立僧”(ishi-tate-so)。作庭师们因石组摆放的不同而主要分为两大流派。一派以京都仁和寺（Ninna-ji Temple）为大本营，另一派是以梦窗疏石为首的佐贺学院（Saga School)。京都贵族阶层最早提出“立石艺术”(ishi wo tatenkoto）这一说法。那时候并没有具体表示造园的术语，因此当时的贵族们就用造园最主要的步骤“立石”来指造园。

作庭最初都是归石立僧们负责的，后来被称为“山水河原者”(sensui kawaramono）的手工艺人逐渐接手了庭园建造的工作。“山水河原者”是指当时河畔地区负责庭园建造的下层人民，他们凭借高超的作庭技术赢得了僧侣阶层

右图： 瑞峰院的枯山水庭园呈现出了中国神话传说中的世界。几块大型石头簇拥着中央象征蓬莱山（传说中神仙所居之处）的巨石。

左页图： 位于高野山（Mount Koya）金刚峰寺（Kongobun-ji Temple）的蟠龙庭（Banryutei garden）枯山水庭园共由一百四十块巨型石块构成，是日本最大的枯山水庭园。

和作为军事统治阶层的幕府将军们的尊重。他们名字中的“*mono*”意为“物，东西”，很明显是对这一阶层人民的一种侮辱性的叫法，他们并没有被当做正常的“人”来看待。当时的日本阶层有严格的等级划分，贵族和僧侣处于社会阶层的最顶端，向下依次为武士、农民、工匠和商人。由于禅宗和神道教忌杀生，类似于牲畜屠宰剥皮、处决罪犯和埋葬死人的行为都被认为是不洁的。但这些事总需要有人来做，于是当时河畔下层人民干的全都是这种最肮脏污浊的工作。而这又让他们的处境雪上加霜，被排挤在社会主流阶层之外，备受歧视。当时还有一种被认为是不洁的行当，那就是为武士制作盔甲的皮革业。剥皮和削皮的过程需要使用大量的水，因此从事这一行当的人不得不居住在沿河区域，例如京都的鸭川河（Kamo River）。

“山水河原者”实际上就是奴隶，除了开凿花园池塘和假山，也常被雇用去干一些开沟挖渠、筑屋砌墙的工作。万里小路时房（Madenoko ji Tokifusa）在其著作《建内记》(*Kennaiki*）中曾记载了这些下层奴役们因其污名而被禁止从事皇室庭园建造的事实。“过去，奴役（山水河原者）们获准在皇家宫殿从事作庭工作。但是，由于他们是不洁的贱民，因此自去年以来，他们不再被允许进入皇家宫殿。从今年起，在所有的仆役中，只有‘声闻师’(shomoji）可以被雇佣来建造皇家宫廷园林。”虽然山水河原者和“声闻师”这两个阶层都是社会的最底层，但靠走街串巷为居民诵经祈福为生的“声闻师”阶层似乎比山水河原者的社会地位稍高一些。

随着时间的推移，山水河原者在绿植的选择和种植以及立石等方面的技艺日渐精湛，逐渐变得不可取代，很多时候他们的作庭技艺甚至超越了他们的师傅。这一阶层的崛起有很大一部分原因是受益于禅宗僧侣。禅宗僧侣们不仅仅雇佣他们建造庭园，同时也引导他们修习禅宗教义。在禅师们的指导下，山水河原者逐渐形成了与旧时作庭手法完全不同的枯山水庭园风格。

室町时代绝大部分枯山水庭园的经典之作都出自山水河原者之手，然而，他们一直默默无闻，从未得到认可。例如，京都的龙安寺庭园一直都被认为是相阿弥（Soami，1492年—1523年）建造的，其实其真正的建造者很有可能是名叫清次郎（Seijiro）和小太郎（Kotaro）的两名日本山水河原者。庭园中一块巨石背后的隐秘角落里还刻着两人的名字。虽然山水河原者的作庭技艺得到了武士阶层和后来贵族阶层的赏识，但是他们在庭园建造方面的巨大贡献仍然没有得到广泛认可。让人感到讽刺的是，京都那些最“纯净”的庭园却恰恰是由这样一群不被当人看的“不洁”之人建造的。

艺术创作似乎很难逃脱世俗偏见，但在作庭师善阿弥(Zen’ami，1386年—1482年）身上却发生了例外。善阿弥是幕府将军足利义政（Yoshimasa Ashikaga）的门徒。善阿弥和其他的山水河原者一起住在河畔地区，那里的居民都是农民起义后流离失所的难民。饥荒时期，成百上千的人因饥饿而死，尸体大多被抛弃于此，堆积如山。在当时，这位普天之下无人可比的作庭师一直到七十三岁高龄的时候，才华与贡献才得到了官方的认可。在庭园历史学家伊藤郑尔看来，这位极富天赋的作庭师，在这种死亡与悲苦笼罩的环境下钻研构思庭园设计，实在是让人难以想象。龙安寺庭园的那两位建造者很有可能就是善阿弥的徒弟。

枯山水庭园作为与宗教有关的艺术创作形式，不仅受到禅宗思想的影响，而且早在室町时代之前就受到了中国宋元时期水墨山水画的影响。宋元时期的水墨画大多以山水风景为主，着重描绘遁世隐逸的文人墨客们所钟爱的峰峦幽谷、飞瀑晴川，嶙峋怪石间或有一两棵参天大树相映成趣，或有虬枝盘绕、造型奇特的松柏点缀其间。这种山水画弃用复杂的表现手法，重在表达真实的内心世界，这一点与日本禅修者们追求朴素至简的理念完全吻合。在当时的京都，禅宗寺院支持下的画师们也格外推崇这种绘画风格。相对于绘画艺术本身来说，禅宗更关注的是这种山水景观对禅宗寓意的阐释，借景喻禅，同时也将其作为辅助修行参悟的方式。

作庭师将水墨山水画的“留白”运用到了庭园设计中，用大范围铺排的白砂来体现这种“留白”效果。通过对地面厚度、石块与石块之间边和面的角度及表现张力等进行调整，水墨画中平面的山石坡岸得以在庭园中再现出来。庭园设计中会运用白砂（或灰色沙砾）、深色石块以及翠绿植物来表现水墨山水画的灰白色调。

江户时代的庭园一改以往简朴的风格，增加了许多别具一格的装饰，如石灯笼、桥石组、洗手钵（chozubachi）及特色绿植，此外还有一些具有宗教色彩的构成元素，如菩萨雕像、寺庙瓦片和半埋在土里的山墙等。江户时代的庭园常常因其表意浅显、缺乏思想而受到诟病，但是这并不意味着这一时期的庭园毫无可取之处。事实上，江户时代的庭园也不乏创新之作。这一时期主要的设计理念就是用看似随意摆放的石组来营造出的天然之感。这些石头被叫做“舍石”(suteishi)，意思是“无名石”或“弃石”。

也正是在这一时期，作庭的另一创新技法绿色雕塑艺术“刈入”(karikomi）出现了。庭园设计中开始运用修剪的长青灌木来表现出变幻的云层、波涛汹涌的海面、装满财宝的船以及蓬莱仙山的轮廓等。将绿植修剪技艺发扬光大并使其日臻完善的是小堀远州（Enshu Kobori，1579年—1647年）。在水口町（Minakuchi）的大池寺（Daichi-ji Temple）和岗山县（Bitchu Takahashi）的赖久寺(Raikyu-ji Temple）里，都可以看到小堀远州创作的绿植雕塑作品。

关于枯山水庭园的众说纷纭

对于参观日本枯山水庭园的游客来说，观赏石组并了解其丰富寓意已成为行程中不可或缺的体验。枯山水庭园和人的心境之间似乎总有许多相通之处：人性若不加打理，不予问津，迟早会变得杂草丛生，一片荒芜；而枯山水庭园则代表着秩序与苦修，崇尚对抗天性，战胜天性，甚至改善天性。

文化旅游出现之后，一些著名的枯山水庭园被赋予了极高的文化价值。古时候被人们广泛接受的神秘主义在枯

左页图： 法然院（Honen-in Temple）是净土宗寺庙，位于京都绿树成荫的山坡上。图中是法然院中的砂堆。僧侣们会定期改变其设计来表现四季变化。

右图： 京都金福寺（Kompuku-ji Temple）访客极少，图中可见呈阶梯状堆叠的杜鹃花丛，营造出了高山深谷的景观。山坡顶部修复的茅草屋是伟大俳句诗人松尾芭蕉（Basho Matsuo）曾经居住过的地方。

左页图： 滋贺县（Shiga Prefecture）水口町大池寺中的绿色雕塑，代表满载珠宝在海中前行的船。该设计被认为是小堀远州的作品，但实际上很有可能是他的一个学生创作的。

右图： 京都诗仙堂，秋日阳光透过柿子树的枝叶洒落在地面上。果树在枯山水庭园中是很少见的，即使是作为"借景"（shakkei）而存在的情况也极为罕见。

山水庭园中难以寻到踪迹。现在，枯山水庭园就如同石器时代的遗迹一般，因其深邃久远、蕴意复杂而备受称颂。此外，枯山水庭园还具有丰富的超自然特性及象征意义，也因此备受珍视。然而，怀比·奎台特（Wybe Kuitert）在其著作《日本庭园艺术史上的时代主题》（*Themes in the History of Japanese Garden Art*）中，就庭园与禅宗戒律之间的关系提出了自己的看法。他认为，寺庙庭园和武士宅园在最早出现的时候，都是出于同样的目的建造的，那就是"营造并增强文化氛围"。

由此看来，禅宗和枯山水庭园之间的关联在某种程度上来说是一种人为假定的关系。日本20世纪50年代以前的相关著述中很少有关于"禅宗庭园"的直接论述。1935年，美国人洛林·库克（Lorraine Kuck）在其著作《一百座京都庭园》（*One Hundred Kyoto Gardens*）中第一次将"禅宗"与"庭园"这二者联系在了一起，并使得"禅宗庭园"的观念开始深入人心。库克曾经与铃木大拙（全名"铃木大拙贞太郎"，即Daisetz Teitaro Suzuki）做过邻居。铃木大拙被认为是在西方国家传播禅宗的第一人。在库克的书中，铃木大拙是一位"自在且自律"的典范，他虽然没有使用"禅宗庭园"这一说法，但非常肯定地认为枯山水是"禅宗精神"的表现形式。

阿伦·瓦茨（Alan Watts）在其极具影响力的《禅之道》（*The Way of Zen*）一书中提出，庭园并非禅宗思想的典范，而是在禅宗思想的启发下所进行的艺术创作，是"一种达到至简的媒介。它似乎是尚未被染指的模样，仿佛是来自大海一般，保持着原有的纯洁与自然；只有直觉最敏锐且最有经验的艺术家才能真正成就它。"这一说法似乎相当合理，因为枯山水庭园就是这样一种超越了自身固有的创作技巧而得以完美呈现的艺术作品。瓦茨的观点与库克和铃木基本相符，甚至在他们的基础上进行了发展和完善。其著作于1957年首次出版，书中提出了"禅宗作庭师"这一新概念。

瓦茨认为，如果借用"有形即无形"这种看似矛盾却又极富禅意的禅语来描述作庭师们的作庭过程，那么可以说作庭师“并不会将自己的本心强加于自然形态之上，相反，他们总会遵从‘有心即无心’的原则，小心地将自然本来的样貌呈现出来。他们也会做一些修剪绿植、打理草坪的工作，但是他们在这样做的过程中会将自己视为庭园的一部分，而非身处庭园之外发号施令的管理者。他们并非是在干扰破坏自然，因为他们自身也是自然的一部分。他们‘打理庭园’的过程也因此而算不上真正意义上的‘打理’”。

1939年，重森三玲在京都东福寺（Tofuku-ji Temple）建造的方丈庭使得庭园与禅宗的融合得以真正实现。庭园开始作为禅宗寓意的表现形式或阐述方法而存在。借助方丈庭的设计，重森三玲真正做到了“用现代抽象建筑艺术来表现镰仓时代禅宗的至简思想”。

禅宗对于作庭的影响与其之于箭术、茶道以及水墨画等艺术门类的影响不尽相同。受禅宗的影响，作庭通常是以用心钻研、精心设计为前提的。正如伦纳德·科伦（Leonard Koren）在其著作《石与砂的花园》（*Gardens of Gravel and Sand*）中所说的，“作庭并非是顿悟或偶得的结果……在作庭过程中，似乎很少会有‘灵光一现’的顿悟，庭园建造的目的也并非是为了启发这种所谓的顿悟。”

随着时间的推移，许多禅宗元素越来越多地被运用到作庭过程中。综观这些禅宗元素就会发现，禅宗思想已经被有意识地应用到了庭园设计中。但历史上很少有记载可以证明这些庭园的建造初衷就是为了表达禅宗思想。现代作家们则比较喜欢使用“禅宗庭园（或简称为‘禅园’）”这一说法。有趣的是，现在日本人也更乐意使用这一说法。“枯山水”一词虽然更准确，却反而遭到了冷落。

虽然禅宗和庭园二者的联系已经在人们心中根深蒂固，但“禅宗庭园”这一说法还是具有一定的误导性。享誉全球的龙安寺庭园似乎就在提醒着我们。这座庭园的设计是以驱恶辟邪为初衷的。甚至还有人说庭园内的景观会引人深思，进入恍惚的冥想状态。这并非是一座普通的庭园，而是一种古老的媒介，仿佛魔法师手中的魔法石一般，引导着人们进入神秘之境。

右页图： 京都东北部东山（Higashiyama hills）上的曼殊院（Manshu-in Temple），建于1656年。秋季庭园里的树木与东山上的树林融为一体，景色美不胜收。

戴维·A. 斯劳森（David A. Slawson）曾在其著作《日本园林艺术中的神秘学说》（*Secret Teachings in the Art of Japanese Gardens*）中就龙安寺在西方世界备受尊崇的原因进行了相关论述。他认为主要原因在于“龙安寺庭园的设计与极简抽象艺术风格或抽象派艺术风格非常接近”。但是，从日本的美学观念来看（日式庭园主要还是依据日本人本身的审美建造的），更准确的说法应该是：“这么高水准的庭园设计，实际上是受到了自然界中某种强大能量和客观存在的启发而最终建造完成的”。

庭园的维护管理以及参禅修行是僧侣们日常生活中的主要部分。在日复一日的庭园清扫和维护中，禅宗思想和庭园得以联通融合。禅宗庭园里，禅宗修行者们面向砂堆坐在莲花座上集体冥想参禅的场景可能并非寻常可见，但如果你早上起得够早的话，便经常可以看到僧人们例行将砂层耙制出流水的纹理，并在这样的过程中去参悟自律与谦恭。此外，每日的粗茶淡饭、简居陋室、化缘布施、坐走间随时随地的冥想以及诸如清理垃圾、清洗马桶、挖沟开渠等一些又脏又累的日常工作，所有这些都被视为禅修的重要部分。

“宇宙万物本无大小之别，区别只在人心。一切皆为虚幻。”

——梦窗疏石《梦中问答集》(*Dream Dialogues*)

枯山水庭园的美学

在一个不尽完美的世界里，枯山水庭园代表着理想之地。在这里，一切都以其应有的完美方式存在着，且相互间保持着完美的动态与平衡，滋养着人的内心。

古代中国人对自然万物并没有“有灵”和“无灵”的严格区分，他们认为所有自然万物都具有一种相互贯通的生命能量——气。日本人无论在过去还是当下，都普遍认同并遵循中国人提出的“气”的概念，即保持身体的阴阳平衡，控制气的流动以达到身体与外在能量流之间的和谐一致。

日本早期庭园设计就将这一概念运用到了庭园布局当中，如“四神兽”(shishin soo)。这一古老的道家理论(后来又与风水学结合了起来)认为四大神兽——青龙、白虎、朱雀、玄武——是四方守护神。这一说法也与亚洲古老的占星术有着密切关系。日本平安京城（现在的京都）就是根据这一理念建造而成的。

日本庭园优雅美观、新颖独特，将自然与艺术完美地融合在一起。然而，只有在充分了解其设计中运用的各种元素、理念以及表现形式之后，才能真正理解与欣赏庭园之美。虽然其设计中使用的象征手法并不隐晦难懂，但要想真正读懂它们的寓意，了解基本的庭园语言还是有一定难度。具有鬼斧神工般作庭技艺的设计者们，可能会用棱角分明的石块塑造出远山或飞瀑，用石灯笼象征海上的灯塔，用精心耙制出纹理的砂层来描绘出蜿蜒的海岸。

皇室贵族的优雅与高贵

日本平安时代的主要庭园美学都受到了皇宫贵族的影响，崇尚优雅高贵。后来，佛教思想又对这一时代的庭园建造与审美观产生了较大影响。

最终使得石景园林从单纯绘画或雕刻艺术层面脱离出

来并得到进一步发展的，是对一系列思想理念的运用。具体来讲就是：作庭并非只是对自然进行简单的控制和改变，而是对其进行改良和提升，使其能够更好地表达出道教、佛教、日本美学以及新的禅宗思想。

平安时代的庭园就像当时的皇宫一般，崇尚“雅”（miyabi），即优雅与高贵。当时，人们在个人修养、宫廷礼仪、诗歌与服饰等许多方面都受到这一审美标准的影响，作庭风格也不例外。

这种崇尚优雅与高贵的审美标准在当时风靡一时，但同时代的日本也受到了另外一种相对悲观的文化基调的影响，充满哀怨枯寂的调子。佛法三法印第三条中说道，释迦牟尼佛寂灭后2000年，世界将进入末法（mappo）时期，即法的最后堕落时代，最终人类社会将陷入一片混乱无序之中。末法时期据称始于1052年，当时这一宿命论对平安时代的皇室宫廷影响巨大，并无可避免地渗透到了文学、艺术以及庭园建造等领域。

“无常与寂灭”（Mujo）源于正法时期，认为“诸行无常”（shogyomujo）。而枯山水庭园中的沙砾恰好就对应了这一特性，它们没有固定的形态，可塑性较强，需要不断加以维护以保持其最初被耙制出的纹理。这便是对佛教无常思想的体现。所谓“无常”，有时也会被称为“浮世”（ukiyo），或“短暂浮动的世界”。

蜻蜓停驻石上；
午时梦萦。

——种田山头火

生命本就终将走向死亡，人们对生命的看法充满了悲哀与忧患的色彩。但是对于平安时代的王公贵族及其拥护者来说，这种生命易逝的悲观意识所体现出来的正是自然万物的无常特性，其中既有生命之美，亦有生命之悲。虽然当时亚洲其他国家的宗教对此有超自然层面的阐释，但

第41页图： 宫崎县（Miyazaki Prefecture）沃肥城（Obi）的豫章馆（Yoshokan residence）是一座漂亮的武士宅邸。按当时房屋设计惯例和风水说，所有房间都是朝南的。从室内往外看，每一处都可以欣赏到枯山水庭园景观和作为“借景”的爱宕山（Mount Atago）。

左页图： 大仙院是京都极为紧凑的庭园之一，由禅僧大圣设计。庭园中用两块直立的巨石代表蓬莱岛，白砂代表水流，从巨石间流淌而出，经过石桥和象征岛屿的数块石头，最终汇入代表着“虚无”的大海。

右图： 这座私家庭园的设计运用了许多江户时代的庭园设计手法。石块的数量和分类都各有讲究。

右页图： 源光庵（Genko-an）质朴的田园风格最大限度地借用了Shakadani山的美景。图的右边是石龟岛。

在日本平安时代，王公贵族阶层却只关注于生命最本真的一面。当时各种烧杀抢掠屡见不鲜，僧兵势力争斗不休，似乎是为“诸行无常”的预言提供了凿凿佐证。

中世纪时期，贵族阶层的权利逐渐转移到了信奉禅宗的武士阶层手中。禅宗美学的核心要素为：深（yugen）、简（koko）、静（seijaku）、空（ku）、无（mu）。早期庭园设计受到了禅宗美学的影响，在庭园设计中充分地体现出了禅宗美学的基本要素。

镰仓时代是枯山水庭园美学形成和发展的重要时期。这一时期诞生了另外一种审美观，即“余白之美”(yahaku-no-bi)，字面意思就是“留白之美”。这里的“白”指的是绘画中未着点墨的空白区域。这种别具一格的美学处理手法直到现在仍令人耳目一新。在庭园设计中，留白的运用通常表现为空间的延伸，让观赏者在留白处感受思绪的平静乃至静止。而庭园的主要景观又往往给人以质朴谦逊之感。了解了上述的审美观，我们便能更好地理解枯山水庭园的特质：枯山水庭园并非是对自然的复制，而是对自然的超越。

石组

石块具有强大的打破传统、教化人心的潜能，而作庭师们在庭园设计中似乎就利用了石块的这一特点来赋予庭园新的宗教意味。慢慢地，禅宗寺庙里的庭园设计开始有意识地加入一些与佛教相关的元素，将其打造成佛教世界观的具体表现形式。这一点在“立石”的过程中得到了最明确的体现，石组的出现就代表着禅宗启蒙的某个阶段。佛教的“三尊石组”(sanzonseki)，即象征佛教中宇宙中

心须弥山的石组，以及代表佛陀慈悲的七石组都是在作庭过程中将佛教思想运用其中的典范。

道教中的蓬莱山跟佛教须弥山有着同等地位。蓬莱山石组也是作庭中常常会用到的石组。虽然在庭园中的一众设计元素当中，这些石组通常是作为永恒的象征而存在，但即便是石头，在经历风吹日晒后也总有化为齑粉的一天。象征永恒的岩石本身也不是坚不可摧的，它们只是作为永恒的象征而存在。组成须弥山石组的石头代表着宇宙中不断流动变化着的基本构成元素。而象征这些永恒元素的石头本身也只是凡尘俗世中的石头而已。

15世纪时，枯山水庭园的设计理念出现了一次非凡的飞跃，开始用沙砾作为水流的抽象表达方式。这一飞跃是从运用自然元素本身到以抽象的象征手法来替代自然元素的巨大转变，直到今天我们依然可以感受到这一转变的深远意义。艺术史学家吉永义信（Yoshinobu Yoshinaga）就枯山水庭园这一绝妙的庭园形式评论道：“虽未用水，却比水本身更加深刻地表现出了其最本质、最精华的特性。”

中国人在园林设计中会倾向于选用造型奇特、具有表现力的石头。日本枯山水庭园的设计也在一定程度上受其影响。例如，京都大仙院中著名的舟形石以及其他庭园中数量众多的“龟岛”和“鹤岛”，都是很好的例证。然而，日本人在庭园设计中通常还是比较偏好选择天然且不对称的石头，注重石头之间整体效果的呈现，而非一块石头的单一表现力。石组中的石块通常会被组合成近乎天然的状态，给人一种浑然天成、不可分割的感觉。

上图： 日本夏季空气潮湿，且降雨频繁，使得庭园中的石头和其他元素都能迅速地在风化过程中呈现出具有年代感的绿色，别有一番风味。

右页图： 拥有较高社会地位的武士阶层，其住宅中常见以石头和灌木为组合的庭园设计，图中是宫崎县沃肥城的伊东传左卫门宅邸。

如果说中国的园林因其美观优雅而备受尊崇，那么日本的庭园则更注重偶得天成：庭园中随处可见岁月斑驳的痕迹；石头表面也会在时间的流淌中变得日渐暗沉；随处可见的绿苔安静自在地生长；四季交替间，各种绿色深浅不一、交替轮回。这样的景致在枯山水庭园中也许并非肆意铺排，但哪怕只是细节或角落里的点缀，都美得让人无法忽视，以其特有的形式揭示出了时间的流逝与静止。

岁月流逝，陈旧亦是一种美

枯山水庭园总会营造出一种很强烈的古老枯寂之感，即便是修建时间较新近的庭园亦是如此。这种古老枯寂的感觉似乎被视为一座庭园日臻成熟与完美的标记，是对庭园的一种完善与提升，而无败坏腐朽之意。在潮湿的夏日，这种古老枯寂的感觉表现得尤为明显。岩石表面显得越发斑驳，棱角越发分明，石灯笼和洗手钵也会被覆上一层苔藓的“外衣”，土墙也在岁月侵蚀中褪色苍老。龙安寺枯山水庭园西南面的墙垣静雅而质朴，散发出别样的沧桑之感，是一种岁月沉淀出来的美。起初，黏土中掺入了油，煮沸后用来砌墙。随着时光流转，油脂慢慢渗出墙面，让墙体颜色也变得越发富有年代感。

按照作庭传统来说，天然而古老的石头一直以来都比来自采石场的石头更受青睐，更有价值，因为它本身就带有一种历史的厚重感，也是天地日月孕育之精华。历经风霜雨雪，穿越千年万载，岁月让石头日渐呈现出最完美的状态。这种在美学上备受珍视的庭园风格被叫做“侘寂”(wabi-sabi)。从词源学来看，“侘”(wabi) 源于“侘赠”(wabishii，孤独、悲苦之意)，“寂”(sabi) 源于“寂びる”(sabiru，成熟、日臻完善之意) 和“寂心”(sabishi，孤独、哀伤之意)。这个合成词表达出的是一种历经岁月变迁后的萧条凄凉之美。被岁月雕琢打磨之后，

事物会变得异常精致细腻，散发出迷人的魅力。

为了迎合这种深刻而复杂的审美，贩卖石头的商人们通常会借助化学手段对石头进行做旧处理，加速石头的“老化”，而后还要将石头埋进土里，让它们的老化和腐化显得更加“自然”。另外，他们还会把鸟的粪便和蜗牛的分泌物涂抹到新的石灯笼上面，或者用潮湿的腐殖质摩擦其表面，再将其放置在潮湿阴暗的地方，让其快速“老化”。总之，日本人赋予了石头独特的气质，优雅内敛，温和谦逊，不做作，在世事变迁、时光流转中日臻完美。

枯山水庭园的结构布局

简洁利落的垂直结构和水平结构、整体框架布局以及严格控制的视角，这些都与现代摄影的理念不谋而合。设计草图和鸟瞰图清晰地展示出了庭园与寺庙的完美融合，

也充分说明了第一眼看上去完全没有人工斧凿痕迹的庭园实际上却有着完美的几何构造。

“水平三尊石组”（hinbon seki）就是很好的例子。从上面往下看，其摆放方式组成了一个完美的平面三角形。这种组合方式近乎完美，彼此呼应，相互融合。枯山水庭园中既可以看到天然线性结构的叠加，也具有人造建筑线条和半自然线条彼此交织所呈现出的美感，其设计理念与建筑学有着密切关联和高度的一致性。

日本人在建造庭园时，一直致力于将庭园与寺庙或宅邸完美融合，营造和谐之美，使内外呼应，表里相通。隔墙可以滑动打开，庭园里的景致便一览无余；室内的榻榻米一直延伸至阳台，屋内的人抬头便可欣赏庭园风光。平安时代，室内墙上还常挂有山水画立轴，而室外的枯山水庭园里则是画中磅礴山水的另一种表现。

传统的日式庭园中，垂直角度的设计及其质朴简洁的平面构造都随处可见。同时，庭园中也有最天然的元素随意点缀其中，人工与天然似乎可以共生共存。枯山水庭园亦表现出这一特点：人造的观景门廊、用石头和瓦片打理出的边界、庭园的墙垣等，都与天然的石组相得益彰，彼此呼应。像正方形和圆形这种规整的几何结构在枯山水庭园中则较少使用，即使用到这些结构也仅仅是为了与其他元素形成对比，或者是为了表现出附近某一建筑的轮廓。

枯山水庭园特别适合户外露天观赏，也可以站在纸屏风前或者坐在榻榻米垫子上从室内观赏。枯山水庭园看似给人以对称平衡之感，实际上却通常并不追求格局的对称，不以对称为美。

三尊石组的运用恰好体现了枯山水所要打造的不对称的平衡。而这种不对称的平衡也很好地反映了西方园林和日本园林总体上的差别。枯山水庭园中，观赏者通常需要站在某个固定的位置进行观赏，设计者也似乎有意识地打破对称格局，因此各元素之间也许会有层级划分，但单一

左页图： 广岛县（Hiroshima Prefecture）尾道市（Onomichi）净土寺（Jodo-ji Temple）中的庭园始建于1806年前后，平日里游客稀少。

上图： 在日本的饭店和茶室，常常会见到这样的装饰图案。其表现的是道家的阴阳太极图。

的主导元素并不存在。相反，观赏者可以随意地在不同景致、不同元素之间切换。

若佛教三尊被供奉于西南角，就不会有诅咒，魔鬼也不能进入。

——《作庭记》

佛教的三尊石组整体呈不等边三角形，中间的石头代表佛陀，两边的石头代表他的侍从。三尊石组是枯山水庭园结构造型原则最典型的体现。三尊石组被放置在东北-西南的对角线上，这也是恶灵最常出没的地方。石头朝向西南有助于使恶灵偏转方向，从而起到保护庭园和宅邸的作用。

枯山水庭园中的石组和各装饰元素之间是相互照应、互利共生的关系。洗手钵是枯山水庭园中常见的石水盆，常被放置在庭园一侧或角落中，或者作为背景的一部分而存在。洗手钵之间常互相呼应，构成三角状。更巧妙的是，枯山水庭园在设计时会用水平、垂直和对角线三者之间的相交关系来表现天界、人间和人类三者的关系。为了体现这种关系，石组通常会被组合成三角形结构，这在日本的其他艺术形式中也很常见，例如盆景和花艺等。日本文化偏好奇数，认为奇数是吉利数字，尤其是代表着天界、人间和人类的数字“三”更是如此。奇数无法对等均分的特点代表着对圆满这一理念的违抗，枯山水庭园也因此被视为接近于自然本来面貌的庭园。

透视法的应用

在枯山水庭园中，扁平的石头、耙制出纹理的砂层、周围的墙垣等都代表着不同的平面，这些平面与周围灌木的多少及石块大小的相互影响在中世纪时期的枯山水庭园中比较常见。这种相互影响所凸显出来的正是日本庭园设计基础的理念之一。不同石头间的排列组合将“平庭式庭园”（hira-niwa）的诸多元素融入到了庭园的整体布局中。

实现平衡的方式也多种多样，可以借助对地面的分割达到平衡，也可以利用墙垣、树篱等来实现分界、分层以及增加景深的效果。

这些平面的表现手法通常要借助立体三维的元素加以衬托，如绿植雕塑、石头以及洗手钵之类的装饰物等，它们彼此相互制衡，实现构图上的统一。这种平面和立体的紧凑组合所呈现出的近乎立体派的效果，在枯山水庭园中得到了淋漓尽致的体现，这也许能说明为什么存在了几百年的枯山水庭园在当代人眼中看来依然充满了现代感。

左图： 大仙院中的两个砂堆，被称为“净之森”，代表纯净。

上图： 银阁寺的“银砂海”是因其迷人的月夜景观而得名的。此处景观常因天气及动物出没等原因而遭到毁坏，因此几乎每个月都要重新进行修整。

取景在绘画艺术中是至关重要的一环，在日本庭园设计中亦是如此，它让庭园设计真正成为了一门艺术。关于空间的限定与控制，有一个简单技巧，即透视法。例如，如果将较大的石块放置在前景的位置，将较小的石块放置在背景的位置，其他物体则沿庭园对角线分布，就会给人一种深邃的距离感。对角线本身就具有动态特性，因此也成功地创造出了一种视觉张力，赋予了枯山水庭园更多的活力。

枯山水庭园通常需从其周边门廊的某个固定的位置进行观赏。当然，也有例外的情况。龙安寺的老照片中就有观赏者站在沙砾中一边欣赏石组一边潜心交谈的场景。同样，在日本知览（Chiran）的武士宅邸中的小型枯山水庭园通常也采取“置身其中”的观赏方式，而不是从周边的木质门廊“旁观”。在位于日本德岛（Tokushima）的千秋阁庭园（Senshukaku Pavilion），游览者们可以在园中漫步，甚至可以在那座据称是日本最长的石桥上随意走动。

“借景”也是枯山水庭园会用到的作庭技巧之一。运用借景，可以使远处的风景与庭园中的前景融为一体。最初，室町时代的禅宗寺庙在建造设计时第一次使用了借景的手法，通过给周围十处自然景观分别命名的做法，赋予了这些景观深刻的佛教寓意。慢慢地，郊外的自然风光便被“借”入了寺庙这一佛教思想的聚集地。

从婀娜的树冠到红瓦屋顶，再到远处圣山的轮廓，任何一种自然景观都可能被借来，成为庭园景观构图的一部分。京都天龙寺重建后的庭园便是最早运用“借景”手法的枯山水庭园，其设计者是梦窗疏石。该“借景”之所以成功，关键在于中景的巧妙设计，将远处的景色拉近，使其看上去比实际更大。同时，前景不断扩展延伸，与远景相接，也给人一种空间无比开阔的错觉。但是，成功的借景必须要避免一些不相关因素的干扰，如头顶的电线，或全新的现代建筑等。但是在现代社会，想要避免这些干扰因素实在是越来越困难了。

日本早期的庭园建造理念大多借鉴自中国。日本庭园建造此后的发展历程，在中国明代1634年出版的造园专著《园冶》中可窥一斑。书中，画家兼造园家计成（1582年—？年）提出了自己的作庭理念。他认为在园林景观设计中，“相地合宜”则“构园得体”，“巧于因借，精在体宜”。这一观点与日本长期以来的作庭观念基本一致。计成认为，只有在借用庭园围墙之外的景物时，庭园才真正与周围环境及其自然景观产生了关联。

置身庭园之中，人们似乎感受不到时间的流逝，仿佛时间可以在这里静止。然而，庭园实际上却是充满生命力的地方，它的美要靠感官去捕捉，只可意会，难以言传。如果一定要将庭园之美理论化、概念化，结果可能适得其反，徒劳无功，反而会折损其固有的美感，让观赏之乐大打折扣。也许，摆脱一切框架与束缚，将庭园当作艺术作品来欣赏的做法更为可取。庭园既有较高的美学造诣，又是对临近建筑的完美补充。日本高超的作庭水平及其高超的作庭技艺在这种艺术和自然的完美融合中得到了体现。而若要使艺术与自然的完美融合省时又省力，只需借助一种途径，那就是“让一切都保留其最自然本真的状态”。

“绿植庭院会随着时节变化而变化，
而枯山水庭园则可以历久不变。”
——枡野俊明（Shunmyo Masuno）

枯山水庭园设计的元素

枯山水庭园中的石头经历雨水冲刷之后会呈现出最美的样子。下雨的时候（哪怕只是夏日短暂的阵雨），庭园周围的植物都会吸饱水分，苔藓变得膨胀而饱满，沙砾也似乎勃发出了新的生机。庭园中便氤氲开一种原石矿物特有的味道。光线、色调、气流皆倏忽变幻，赋予了枯山水庭园永恒变化的特质。

在岁月轮回中，普通花园难免会呈现出自然进化的诸多特征。但是，枯山水庭园，尤其是从其自身设计风格来看，却是与自然主义的表现手法相背离的。既然枯山水庭园是静修庭院，那么其设计中所运用的诸如石头、沙砾等元素就必须经过仔细考量和严格甄选。

作庭所使用的天然石头通常采自河床、河谷、山地、湿地、海边，或是从建筑工地底下挖掘出来。为了方便起见，可以将这些石头大体分为山石、低地石、河石、海岸石；也可分为沉积岩（suisei-gan，表面经水冲刷大多较光滑）、火成岩（kasei-gan，表面质地粗糙，由火山喷发形成）以及变质岩（hensei-gan，质地较坚硬）。

与中国不同的是，日本在造园用石的选择方面并不那么看重石块经风、水侵蚀后呈现出的天然效果。从地质学的角度来讲，日本大陆形成时间较短，且至今依然火山频繁爆发，因此，诸如花岗岩（mikage ishi）、蓝绿泥片岩(ao ishi)、板岩、浮岩、大理石、火山凝灰岩及玄武岩等水成岩比沉积岩的运用要广泛得多。

按照日本的作庭传统，黑色和白色的石头很少会在庭园设计中使用。只有一种情况例外，那就是鹅卵石。颜色反差较大的石块也不会用于作庭。日本在作庭建造方面多选用接近大地的颜色，如灰色、赤褐色、青蓝色的石块就比较常用。表面有条纹，顶端平整的燧石也很受欢迎。禅

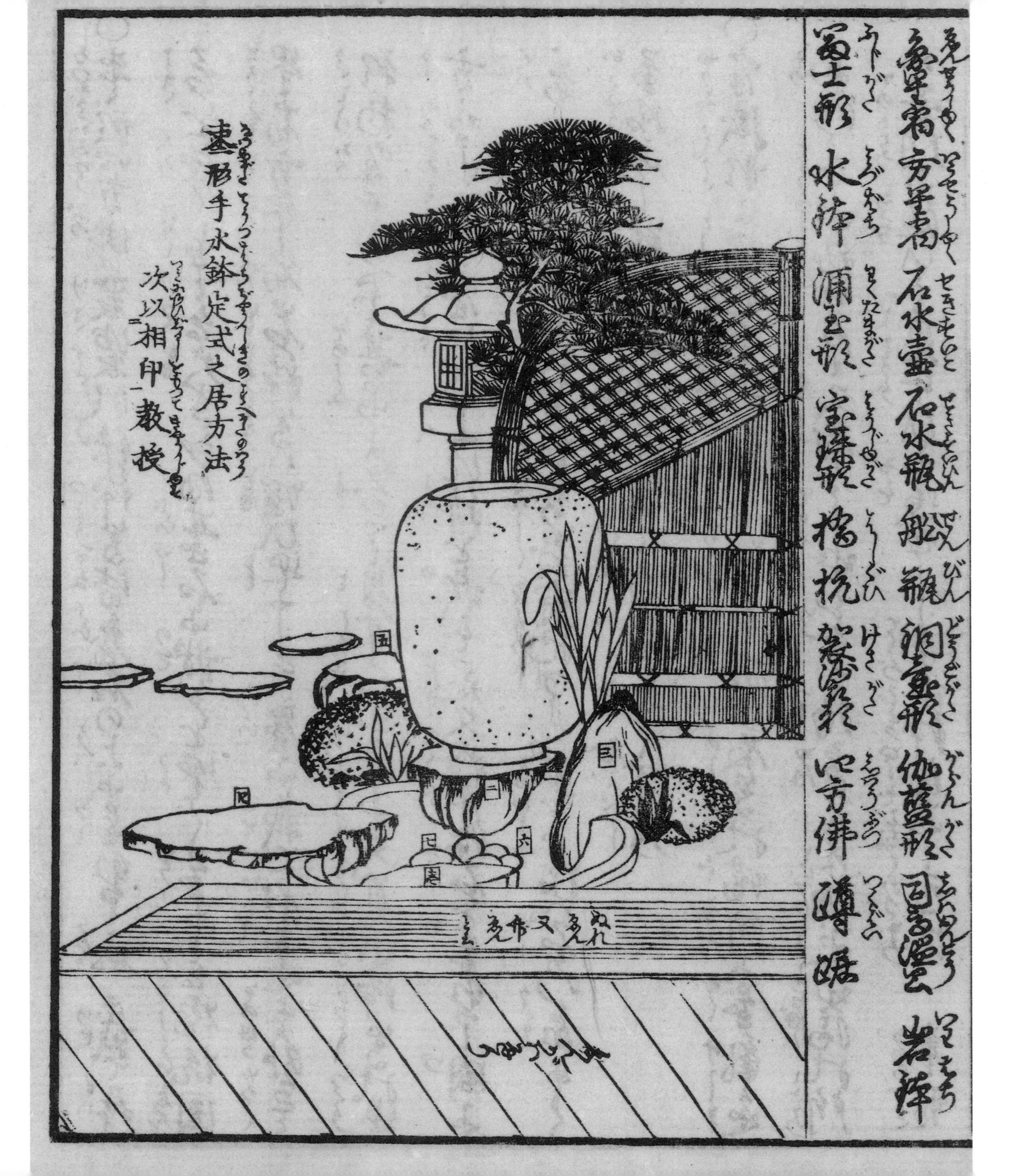
円星宿 方星宿 石水壺 石水瓶 船 瓶 銅壺形 伽藍形 司馬温公 岩井
富士形 水鉢 涌玉形 宝珠形 橋杭 袈裟形 四方仏 蹲踞
遠形手水鉢定式之居方法
次以相印一教授

55页图： 图中石块的位置都用数字做了标记，说明了江户时代的庭园已经越来越注重装饰性。

左图： 寺庙庭园入口处常用菱形及其他形状的花岗岩来铺路。

右页图： 庭园里有时也会使用平整的石磨（*ishi usu*），以营造一种质朴的田园气息。图中的石磨被嵌在了庭园的墙壁中。

僧们常坐在这样的石块上静修参禅。而那些作庭水平出众的庭园在选石时更是慎之又慎。首先要选足够坚硬的石头，这样的石头能够抵抗风化而不易毁坏；其次要选有独特外观的石头；而如果石头表面有细小裂缝或错落有致的纹理也会备受青睐，因为这样的石头比较有利于青苔的生长。

天然石和人工石

京都附近的山脉多产漂亮的山石。自古以来，这里的石头就被用作珍贵的作庭材料。然而，近年来天然石供应量减少，尤其是传统庭园风格中备受青睐的天然风化石更是一石难求，加之新的建筑风格对作庭产生了较大影响，因此采石场经过人工切割和打磨的人工石逐渐得到了广泛应用。一直以来颇受冷落的合成材料也最终被运用到了现代庭园设计中，水泥、塑料、钢铁、金属甚至碳纤维等材料都已被派上用场。

按照传统，切割石（kiirishi）过去仅用于庭园装饰，如石灯笼、石桥、洗手钵等。而在现代作庭过程中，切割石已作为主要布景石块在庭园设计中得到了广泛使用。石头的加工处理手法多种多样，可以根据需要来改变石头的外观和颜色，如打磨抛光、亚光喷漆、研磨、酸蚀等。

纯粹主义者认为只有以天然状态存在的石头才可用于作庭。枯山水作庭师兼作家埃里克·博尔哈（Erik Borja）认为“禅宗庭园在建造过程中无论如何都不可以用人工石。因为整个采石的过程就已经使石块变得与残渣废料无异，既无光泽，亦无灵魂，毫无价值可言”。然而也有人持相反的看法，认为原材料经过精心打磨切割后能更好地表达艺术家和石匠们的精神境界及创作意图。

形形色色的石头

虽然纯粹主义者们仍坚持认为对石头的加工处理违背了日本庭园一贯的作庭理念，但实际上用石头制成的装饰物早在室町时代就已运用到了庭园设计中，如垫脚石、洗手钵、石灯笼、佛塔等。到了江户时代，庭园继续以其美化装饰、趋吉避凶的作用而存在。庭园中会放置阴阳石，样子看上去就像男性及女性的生殖器官，寓意人丁兴旺。

那时候，武士若在去世时没有男性继承人，那么其封地则会在其死后自动归当地大名（daimyo）或封建主所有。

花岗岩桥墩也常用来制作洗手钵。这种桥墩最初也是采自河床或海边的天然石，然后雕刻加工成规格统一的简洁造型。这些洗手钵最初是放置在神道教神社外面供参拜者用来在参拜前清洗净化自己的。“筑波石”（tsukubai），即石头做成的水盆，底部通常也会有附属的石块起支撑作用。过去，洗手钵通常在茶庭中多见，现在也已经成为了枯山水庭园的主要构成元素。

像大仙院这样的枯山水庭园里就有日本最早的石板桥，桥下是用沙砾铺成的河流。庭园中的石组前或石块中间常见释迦牟尼佛座下的众罗汉雕像，这与许多画像中所描绘的禅宗僧侣和长老们坐在幽静的崖边或石凳上参禅悟道的

左下图： 京都妙心寺桂春院（Keishun-in）建于17世纪，寺庙规模不大，宁静清幽。图中是桂春院庭园中的洗手钵。

右下图： 京都天授庵（Tenju-an）这条石板小径是在寺庙建成1年之后，也就是1338年铺设的。天授庵在应仁之乱期间建筑被毁，所幸后来被修复保存了下来。

右页图： 妙莲寺（Myoren-ji Temple）是京都西阵（Nishijin）地区一座安静的寺庙。图中是妙莲寺入口处的一处石庭景观。

上图： 注水的竹筒是"驱鹿器"，能够发出悦耳的噼啪声。

下图： 京都宝严院（Hogonin Temple）内蓝灰色的卵石与周围的绿苔对比鲜明。

场景极为相近。

一种名为"那智黑石"（nachiguro）的黑色卵石，常被用来组成细长的条状装饰图案，日语中也叫作犬走（inu-bashiri）。用这种卵石组成的条状图案通常会沿着墙根铺设，在寺庙及宅邸的屋檐下也比较常见。除了美观之外，这一排排的卵石还有防止雨水倒灌的作用。沙砾的外围常常会有一道用花岗石铺成的细细的围边，围边外面再用平整的砖石铺成小径供僧侣们通行。从寺庙屋顶取下的黑色瓦片常常被立着放置在卵石和庭院之间，形成一道界限。这道界限也可以起到排水的作用，防止雨水冲坏砂坪。

日本东京出产全日本最好的彩色沙砾，而京都地区却以富产白砂而闻名。位于京都东部的东山山脉由白色花岗

上图： 大德寺分寺瑞峰院中，沙砾为河，石板为桥，组成了河上石桥景观。

岩构成，其中还混杂着灰色的石英、黑色的云母以及白色的长石。长期暴露于自然环境下，花岗岩便逐渐变成了颗粒状的沙砾，被雨水冲刷至当地河流和溪水中。东山山脉最主要的河流是白川河（Shira-kawa）。白川河水冲刷下来的沙砾叫作白川砂（shira-kawa-suna）。城市周边没有悬崖峭壁，也没有嶙峋陡峭的海岸，而是群山环绕，因此这里随处可见沙砾海滨和铺满石子的海滩。有些当代的作庭师会用人工切割的石块铺设庭园的地面。这些经过切割加工的石块在尺寸大小、比例及外形方面都更加灵活多变。

植物的选用

日本文化中的“诸行无常”，这一观念前文已有充分阐述，但是很多枯山水庭园却可以历经数百年而完好如初，庭园及其设计者的理念穿越了历史长河，流传千年。当然，若其最初的设计有任何缺陷，那么这些缺陷也必然会历经百年而依然如故。日本庭园跟欧洲园林在这一点上大不相同。欧洲的园林，除了那些装饰元素之外，其设计几乎完全借助各种花草树木，虽生机勃勃，亦会枯萎消亡。枯山水庭园则不同。其设计主要使用石块、沙砾（可以更换）、砾石以及黏土。这就让枯山水庭园比大多数绿植庭园更容易抵抗岁月的侵蚀。枯山水庭园的设计讲究整体性，所有设计元

左页图： 东京清澄庭园（Kiyosumi-teien）虽不是枯山水庭园，但其园中的石头依然是重要的构成元素。1878年，该庭园得以修复。其主人是富甲一方的实业家岩崎弥太郎（Yataro Iwasaki）。庭园中的石头极其罕见且造型奇特，都是他用自己公司的船从日本各地运到东京的。

上图： 洗手钵和石灯笼是庭园中常见的构成元素，其周围常种植着苔藓和低矮植物。

素是完整不可分割的统一体，并不会像以植物为主要元素的西方园林，其景观会随着季节变化而迥异。在地震频发的日本，枯山水庭园的抗震能力要远远高于其他建筑。

在日本其他庭园中，常见的多年生植物和开花灌木在枯山水庭园中则会谨慎使用。枯山水庭园中主要以绿色灌木为主，树木以松树、枫树居多，树篱也较常见。在一些对设计元素要求并不那么严谨的枯山水庭园里，偶尔也会栽种成片的山茶、牡丹、中国桔梗等。杜鹃花也较多见，主要是因为这种花可以修剪成象征云层、海浪、土丘以及山峦等诸多造型。日本冬青叶子小巧，四季常青，特别适合用于绿植雕塑，尤其是以其塑造成的“云层”造型在日本格外受欢迎。

山茶花会在盛放后凋落，因此庭园中偶尔也会栽种山茶花以体现生命的易逝与无常。生长在石头阴面的青苔则传递出沉静与安宁，给人一种温暖又沧桑的感觉，让庭园中那些相对冷硬的元素变得柔和了许多。

蕨类植物、八角金盘，再加上青苔，这种组合往往会让人有置身森林之中的感觉。在石块根基处也常常会栽种秋楲、叶兰、茶梅、玉簪等植物，营造出一道绿色的“海岸线”。

> **无论从其细微特征来看，还是从其深邃寓意来说，荷花都是窥探佛教宇宙观的基础，是悟道之媒介。**
>
> ——三岛由纪夫（Yukio Mishima）
>
> 《修行者与他的挚爱》(*The Priest And His Love*)

在少数的几处有池塘的枯山水庭园里（这里所说的池塘是真正的池塘，并非沙砾铺就的抽象意义的池塘），荷花总是比睡莲和水浮莲更多见。荷花不仅赏心悦目，莲藕和莲子皆可食用，而且还是佛教的象征。出淤泥而不染，濯清涟而不妖，出水芙蓉，亭亭玉立，美得令人惊艳。佛教

上图： 京都一处枯山水庭园中的石灯笼及其他一些庭园中常见的物件。

右图： 庭园中将石头、竹子、瓦当和沙砾等元素进行巧妙的布置就可以呈现出令人赞叹的和谐之美。

徒们也希望自己可以像荷花一般，不沾染尘世的污浊，达到悟道之境。佛教雕塑中，佛祖通常都会端坐在莲花座上，也充分说明了这一点。荷花极富东方神韵，粉红色的花瓣娇嫩丰腴，在碧绿的荷叶铺成的舞台上翩翩起舞。

石头的价值

除了少数最受尊崇的庭园，尤其是那些被公认为是日本国宝级的庭园，大多数庭园通常都会随时代变迁而有所改变。作庭所用的石头也很少会一成不变地处于同一座庭园中，通常都会经历多次迁移。私人庭园和房屋经常被售卖或拆除，寺庙也常常会进行改建与翻修。这时候，庭园里的石头就会连同石灯笼、洗手钵甚至植物一起被卖掉。有人专门从事收购、倒卖石头的行当。虽然枯山水庭园总会给人一种亘古不变的永恒之感，但实际上其构成元素却是可以拆除替换的。以禅宗庭园为例，其庭园中的诸多作庭材料通常都是外界捐赠的，因此无论是石头、园门还是木材都可以在其他庭园中得到再利用。

按照作庭传统，枯山水庭园中的石头通常取自天然，不会选用经过人工切割雕琢的石头，拒绝任何人工斧凿的痕迹。然而，早期茶庭的设计者却在设计摆放各种物件时试图赋予各元素和庭园一种全新的活力与生命力。这种作庭观念被称为“见立”(mitate)。在此观念的引导下，寺庙和宅邸的基石和柱石都可以回收再利用，屋舍拆毁后其石磨也会被留下用于作庭。石磨是一种平圆的厚石板，表面略粗糙，带有向外辐射的锯齿状纹路，通常在乡间农场可以看到人们在石磨上洗菜或切菜。这些石磨已被用于庭园装饰，置于平铺的沙砾上，为原本平淡无奇的砂坪增加了亮点。寺庙的旧瓦片（kawara）也常被用来修筑庭园的边界，或者嵌在黏土墙（neribei）中。

京都东福寺的庭园就很巧妙地运用了一些旧物件(mitate-mono)，即回收可再利用的材料。东福寺的北庭

上图： 这个巨大的洗手钵已成为该庭园中极具视觉冲击力的组成部分。

右页图： 京都仁和寺的庭园设计代表了从天堂花园和漫步庭园到以冥想参悟为目的的禅宗庭园的转变。

是棋盘式设计，方形的青苔和石块（庭园入口的铺路石为回收而来）相间组成了棋盘的样子。东庭（Big Dipper Garden）利用七根圆形石柱排布在白砂中，象征北斗七星。这些石柱原是寺庙厕所中起支撑作用的石头。

造型奇特、独一无二的石头通常价值不菲。16世纪时，大名丰臣秀吉（Hideyoshi Toyotomi）的士兵打败敌军后，都会洗劫庭园，把最好的石头用绸缎包好送给这位将军。此前还有一位大名织田信长（Nobunaga Oda）也意识到了石头的价值。他曾用一块小型景观石和一个珍贵的茶碗换取了具有重要战略意义的石山城（Ishiyama Castle）。

石头的年份越久远，历史积淀越深，其价值就越高。如果说一块石头曾经在某首诗中被提及或在某幅画中被描绘过，又或者它曾经是某位著名画家、宫廷官员或贵族庭园里的石头，那么它便具有巨大的升值空间。石头通常也会作为家族遗产代代相传。

石头总是与“永生”“永恒”等观念密不可分，因此直到七八十年以前，京都的雇主和作庭师在石头运到的时候都会举行专门的接收仪式。仪式通常在夜晚举行，因为拉石头所用的牛车只有在晚上才能安全通过城市狭窄的街道。牛车载着石头沿河谷一直往北行，赶在天亮前到达买主家。买家男女主人会携所有家庭成员提前在大门口等候，备好食物和米酒举行简短的接收仪式以示庆祝。雇主一家会和作庭师以及修建庭园的工人们一起分享食物和米酒。这一仪式代表着双方愿意通力合作来建造一座令人满意的庭园。

左上图： 银阁寺重建后，工人在“银砂海”表面进行洒水作业，这将有助于保持其形态。

右上图： 在建造私人庭园时，工人们借助圆木辊、木板和自身强壮的肌肉，以传统的方式移动巨石。

左上图： 工人用砂纹耙来制作砂纹。

右上图： 银阁寺著名的平顶锥形砂堆旁，作庭工人正在用木板打造平整的表面。

“庭园应具有永恒的现代感；
仅有当下流行的现代感则毫无价值可言。”
——重森三玲

现代日本枯山水庭园

昭和时代（Showa period，1926年—1989年）初期，在日本国内乃至全世界出现了枯山水庭园的复兴，抽象手法与象征意义再次得到了广泛应用。

究其原因，一方面可能是由于当时日本新建了几座寺庙庭园；另一方面是当时一些著名庭园设计者的大力推动，如中根金作（Kinsaku Nakane）和佐藤远野。佛学家兼教师铃木大拙的相关著述以及美国人洛林·库克所著的有关庭园的书籍都致力于枯山水庭园价值的“再发现”，并探索其与禅宗思想间的关系。

可以说，在枯山水庭园复兴中起重要作用的人物，要数庭园设计师兼庭园史学家重森三玲了。重森三玲认为到了江户时代中期，庭园建造开始由职业作庭师接手，这使得枯山水庭园原有的生命力日渐流失，模仿与重复取代了变革与创新。在费尽周折调查了大约二百五十座日本庭园之后，重森三玲开始了重新打造日本庭园的历程，尤其是枯山水庭园。

重森三玲致力于为日本庭园建造注入新的生命力，这带来了日本庭园建造的诸多变革，这些变革在日本庭园设计史上都是鲜有的。然而，就像其他根本性的变革一样，重森三玲所倡导的这次变革，给日本作庭理念带来了巨大的影响。同样，这也证明了重森三玲作品的原创性。

欣赏重森三玲庭园设计的人认为他的作品独特前卫，对他超凡的设计理念崇拜有加。例如，他在作庭过程中会用套索般扭曲的线条来表现波浪和云层；在沙砾的使用中，常用不同颜色的砂耙制出卷曲或交叉的纹理，让整个庭园的结构造型更趋完美。

最具争议性的要数混凝土的运用了。纯粹主义者对此提出了强烈反对。重森三玲最喜欢的石头是“青石”（ao ishi），即一种蓝色或略带绿色的绿泥石片岩。

20世纪60年代至70年代暴富的新贵们比较偏好风格

第71页图： 东福寺的光明院（Komyo-in Temple）中，重森三玲采用了极具线条感的庭园风格，其间的立石星罗棋布，代表着从等距放置的三组巅石放射出来的光芒。

左页图： 作为龙源院五座庭园之一的“一枝坦”（Isshidan）于1980年得以重建。除了保留传统的“龟岛”之外，还融入了具有现代感的明快线条。

夸张的庭园设计，他们的庭园中常会用到这种石头。此外，重森三玲还会运用煤灰色或红腰豆色的石头。

重森三玲对枯山水庭园的创造性改造还体现在其他方面。1972年，他在建造兵库县（Hyogo Prefecture）石像寺（Sekizo-ji Temple）的枯山水庭园时一反常规，弃用普通砂，选用了四种不同颜色的沙砾。环环相扣的长方形图案代表着中国传说中守护四方的“四大神兽”。庭园周围的竹篱上还有用表意符号写成的“shishin”一词，这也体现了重森三玲独具特色的原创手法。

这位极具天赋的作庭师也很有可能是首位提出将枯山水庭园当做演出及展览场所的人。在重森三玲建成岸和田城（Kishiwada Castle）枯山水庭园不久，庭园中就举行了以直线和曲线为主题的金属雕塑展。为此，重森三玲还创作了一种传统的舞蹈表演，并在庭园中进行了演出。在他看来，开发庭园的多种用途是再合理不过的了。

重森三玲甚至还在神社里建造了枯山水庭园。这一做法在当时实属出格，却跨越时空将二者历史性地联系在了一起。为诸神准备的铺有砂坪的林间空地与早期神道教中石和砂之间的联系似乎异曲同工。他为兵库县住吉神社（Sumiyoshi Shrine）所设计的庭园就是最好的例子，尽管这座庭园眼下已有些年久失修的迹象。破碎的竹篱，倒塌的边界和标识，白色的水泥边线就像巨蟒一般盘绕其中，表面的混凝土干裂如鳞片，使巨蟒的形象更加逼真。

重森三玲于1970年重建了东福寺的灵云院（Reiun-in Temple），这是他运用易腐坏的现代材料来作庭的又一次大胆尝试。他将红漆掺入水泥中，让水泥结构鲜亮夺目，但那红漆早已褪色，整个水泥结构也很快变成了一堆废墟。

庭园中央还有一块放置于水泥支架上的水石，类似于石灯笼，上面的石头也早已变得斑驳晦暗，看上去就像是烟灰缸或废弃多年的墓碑。

归根结底，对于重森三玲作品的欣赏与否全在个人的

左图： 岛根县足立美术馆（Adachi Museum）中的庭园由中根金作于1970年设计完成，是枯山水庭园和自然景观的高度结合。

喜好和品味，但是不得不说，他建造的庭园一直都是独树一帜、令人耳目一新的。正如景观设计师克里斯蒂安·屈米(Christian Tschumi）在文中所说，“是不断进行文化创新的最有力的宣言”。至于重森三玲的作品能否像他所期望的那样成为永恒的佳作，也只有时间可以给出答案了。

上图： 京都城南宫（Jonangu Shrine）五座庭园中最后一座，也是最抽象的一座，由中根金作设计建造。

右页图： 吉川功（Isao Yoshikawa）设计的镰仓（Kamakura）光明寺(Komyo-ji Temple）庭园中运用了蓝色的结晶片岩。位于中央的三块石头中较大的一块代表穿过崇山峻岭的阿弥陀佛（Amida Buddha)，其余两块代表陪伴其左右的观世音菩萨和大势至菩萨。

空间雕塑与装置艺术

在像重森三玲这样敢于创新的景观设计师的努力之下，我们现在不仅可以在寺庙、武士宅邸、私人宅院等地方窥见庭园之美，还可以在酒店建筑群、研究中心、公司总部、政府大楼、宾馆甚至婚礼大厅等场所观赏到庭园景观。在对传统设计材料和设计理念的理解与应用方面，自由度也更高了，因而催生了更多新的组石方式与创新设计。由此可见，虽然在庭园设计过程中要遵循基本的设计规则，但日本庭园设计在本质上却是一种自由的艺术形式。

在作庭过程中，常常需要对石块进行切割，使其符合设计需要。这一做法在第二次世界大战之后尤为普遍。酒店大堂、大型购物中心、政府办公场所以及公司总部等地方的石组景观中常常会用到切割加工过的石头，似乎已经很难说清它们到底是枯山水石景还是石雕艺术了。1958年，丹下健三设计的香川县（Kagawa Prefecture）厅舍既有水池又有叠石，是将建筑与枯山水庭园相结合的早期典范。

近年来，人工切割石与天然石组合使用，这在庭园设计中已比较普遍。然而，有些景观设计师却在极力反对这种流行趋势，试图复兴旧时庭园设计中更加纯粹天然的石组方式。除了为寺庙建造或翻新的庭园，那些新建的庭园对于枯山水庭园最初的设计理念或悖离或坚守。这些庭园有的是私人住宅订制的庭园，也有的是郊区温泉为了营造传统温泉的环境和氛围而建造的庭园，石组通常都安置在温泉池周围。

现在在日本的一些城市里，枯山水庭园已经开始被广泛接受并逐渐流行起来。因为枯山水庭园可以营造出空间感，在极其有限的范围内让人感受到空间扩大的视觉效果。尤其在像东京这样空间紧凑、寸土寸金的城市，更是如此。枯山水庭园在自然景观匮乏的城市中尤其适用。大城市里钢筋混凝土打造的建筑以及高耸的摩天大楼替代了苍翠的青山和陡峭的崖壁，成为了枯山水庭园新的“借景”。

现在的城市状况每况愈下，过度拥挤，绿化不足，热量积聚。其实城市规划者们可以从枯山水庭园的设计中学到很多关于空间开发利用的经验。那些紧凑甚至狭小的庭园，虽然只用砂石，却营造出了视觉之盛宴，令人观之心旷神怡。

由此可见，枯山水庭园必然会有长足发展之势。佛教寺庙、私人住宅，甚至酒店宾馆，只要有足够资金和前瞻性的眼界，通常都会考虑建造枯山水庭园。若其设计建造者是某位现代作庭师，那么其所建的枯山水庭园必将是一件空间雕塑作品，能够历久传承。

今天的庭园设计师们与以往大不相同。高等学府毕业的他们，既受到了国内庭园设计的良好熏陶，又接受过国际化的培训。其庭园设计创作更加接近于雕塑艺术。创作者会更注重个人意图的表达，而非自然风格的打造，这一点与传统作庭师有着显著的差异。这种充满想象力的作品

左页图： 宫城俊（Shun Miyagi）于2001年设计的枯山水庭园，体现了传统与现代两种风格的融合。设计中运用了清晰流畅、朴实无华的线条以及大片的青苔。庭园位于宇治市（Uji）平等院（Byodo-In Temple）内，旁边紧邻博物馆，馆内收藏有平等院的珍宝。

右图： 重森三玲设计的位于木曾町（Kiso Fukushima）的光前寺（Kozen-ji Temple）庭园。细细的砂纹描绘出了云层的样子。

更恰当地说应该叫做“意识景观”，而非自然景观。

现在的枯山水庭园建造者大多为专业人士，有专门的设计事务所、设计团队、电脑绘图软件以及高端的建筑设备。

与过去的修行者、画家以及贵族阶层的狂热爱好者们不同，现在的庭园建造者们并不会对所建造的庭园掺杂过多个人情感，也不在意庭园后期的维护与改善，他们唯一关注的可能就是工程结束后，能否会为自己赢得荣誉和认可。也有人认为这种变革恰好也表明了枯山水庭园持续动态发展的特性。

庭园的商业化

那些古老庭园的生存环境目前着实令人担忧。周围灰暗污秽、污染严重的城市环境给这些原本清净避世的枯山水庭园带来了视觉干扰，使得它们不得不在熙攘的人群和吵嚷嘈杂中“艰难生存”。像龙安寺和银阁寺的庭园，早已变成了商业化的金矿，旅游高峰期每天可接待几百甚至数千名游客，静修参禅在这里几乎毫无可能。有些庭园管理部门也采取了相应的措施来保护庭园原本的清净。有

左页图： 东福寺光明院的三尊石组。该庭园由重森三玲设计。

左图： 僧人留在“脱鞋石”(kutsu-nugi-ishi) 上的草鞋。

左页图： 建于镰仓时代的明月院（Meigetsu-in）。图中是一座现代枯山水庭园中表现出的佛教僧人眼中的世界。

的限制了游客人数，要求来参观的游客提交书面申请，有的则禁止游客使用照相机和录像机，例如京都的圆通寺(Entsu-ji Temple)。

不可避免地，一些著名的庭园已经在这种商业氛围下变得庸俗不堪，境况艰难。各种自动售卖机和售货亭充斥着庭园甚至寺庙的各个角落，向往来的游客兜售各种小吃和旅游纪念品。在京都退藏院，紫藤架下还有为吸烟者准备的烟灰缸。游客们喝着瓶装饮料，玩着手机，固定电话也随处可见，庭园似乎更像是一座主题公园。

如今的日本庭园每天都会涌入大批游客，大多是乘坐旅游大巴到来的旅行团或中学生参观团。在这样的环境下，游客们似乎也很难真正体会到庭园本身所具有的无与伦比的价值与深刻内涵。正如一位著名景观设计师所说，"如果有一天已经没有人可以基于日本传统及理念建造出真正的日本庭园，那很有可能是因为大多数日本民众早已丢掉了这种日本理念"。

庭园之力量

那不过就是几块石头而已？……当你用心审视它们，还有那青青绿苔的时候，你肯定可以感受到它们传递出的力量。

——川端康成（Yasunari Kawabata），

《美丽与哀伤》(*Beauty and Sadness*)

当你花足够的时间去认真欣赏一座庭园时，它会让你有种虚幻而又安宁的感觉。石块侧面一圈圈的砂纹呈现出了卵石落入池水时荡漾开来的波纹。由禅僧们蘸墨汁绘制出的砂纹意味着修行中的顿悟。庭园中最主要的立石和其

周围的砂纹描绘的是东南亚寺庙中僧人们围绕着佛塔的场景。这样说来，庭园可以被看做是保存记忆的方式，砂石所呈现出来的景观寓意丰富，意象万千，形象生动。专注于枯山水景观时，便会有超越时空之感，对边界与范围的意识也随之会淡化甚至消失。

那些享有盛誉的经典庭园往往备受尊崇，虚无中亦可见丰富，繁复处亦彰显简约。置身其中，便有无比深邃广袤之感。枯山水庭园并非仅是供人闲庭漫步之所，观赏枯山水庭园也并非一定要置身其中，而应将其视为是艺术品，从某个固定的位置、某个独特的视角去加以观赏。如同观赏任何一处令人惊叹的美景一样，观赏枯山水庭园时，人们也会将自己的遭逢阅历、苦乐悲喜融入其中，收获与感悟也便各不相同。

枯山水庭园还有助于我们实现与自然、宇宙以及内心世界的和谐统一，这也是枯山水庭园的众多功能之一。虽鲜有公开论述，但这一观点却已被广泛认同。同样地，枯山水庭园还具有修复和治愈功能。这一观点，无论是否有真切的感受，也是众所周知，得到了普遍认可。对于那些具有更高感知力的人来说，枯山水庭园中还有更多值得深入理解和探索的内容，如气流、能量流、各元素之间以及观赏者与庭园之间的对话等。枯山水庭园能让观赏者的内心归于平静，亦能触发探求与好奇之心，让人心生诸多疑问，思绪延绵不断，似梦似幻，神奇而又玄妙。禅宗认为，当心灵归于平静时，人的精力和能力都会处于最佳状态，可以让人淡定从容、泰然自若地面对人生。

上图： 图中的石组景观位于千叶县幕张市（Makuhari）某购物办公中心，与传统的枯山水庭园差异较大。

右页图： 京都城南宫五座枯山水庭园之一，其石组景观造型新颖、变化万千。

枯山水庭园有助于人们达到内心的平静与安宁，在当今社会的忙乱与压力下，这种平静与安宁已是难能可贵。

走进枯山水庭园这个平静自由的空间，就如同穿过了一道门，从寻常的生活状态一步跨入了平静与安宁之中，表面的纷繁复杂也逐渐变得简单澄明起来。

对于那些真正了解枯山水庭园的行家里手来说，那些绝无仅有的庭园藏身何处自然不是秘密。它们有的掩藏于京都的崇山峻岭之中，有的则隐匿于市井小巷之间，众人往往鲜有了解，来访参观者亦寡。

正传寺（Shoden-ji Temple）就是这样一个地方。正传寺并不大，穿过柳杉林，沿着石阶拾级而上，便可在石阶尽头群山掩映处见到它的身影。一条小溪从旁边流过，溪水欢悦流淌，即使在炎炎夏日也依然冰澈清冽。跨过小溪，便可看到寺中的庭园了。按照惯例，进入庭园前需先在门口脱掉鞋子。光脚走在榉木铺成的小路上，抬头便可见白色瓦墙环绕着的庭园。两边绿树相合，如长长的走廊一般伸向远方，京都东北边的比睿山（Mount Hiei）轮廓隐约可见。平整的沙砾上，杜鹃花按照三、五、七奇数分丛。“三五七”在道家思想中代表着和谐。

在真正的静修庭园，人们可以畅快呼吸山林中的新鲜空气，欣赏它在初建时应有的样子，感受神灵之庇佑。景观设计师安诸定男（Sadao Yasumoro）曾提出建造新式庭园的构想，希望致力于探求庭园本身的精神意境。约瑟夫·卡利（Joseph Cali）在其著作《新式禅宗庭园：设计安静空间》（*The New Zen Garden: Designing Quiet Spaces*）中引用了安诸定男的话：“我会先用心倾听此处神灵的旨意，仔细领会雇主的意愿，然后再开始着手修建庭园。”置身于庭园之中，便会发现传统可以与时代相容，顺应时代发展，绝非过时之糟粕。这便是枯山水让我们领悟到的真谛。

第二部分

日本枯山水庭园赏鉴

造访日本庭园

笔者花费数年时间遍访了位于本州、四国、九州乃至遥远的亚热带岛屿冲绳的诸多庭园后，写就了此书。在参观庭园的旅途中，笔者对枯山水这一典型的日本庭园形式产生了浓厚的兴趣，其中有些庭园笔者甚至多次造访，只为更好地领略枯山水庭园独特的设计风格。

庭园是社会文明进步结出的硕果。在日本，有城堡寺庙的地方，各种精湛工艺和艺术形式也便萌芽兴盛，庭园也会紧随其后发展起来。因此，本书中介绍的枯山水庭园大多位于具有深厚文化底蕴的城市与小镇。也就是说，这些庭园在地图上很容易找到，交通也非常便捷。少数几处相对偏远一些的，也不过是从公交车站或火车站步行几步而已。在京都这样一座游客众多的旅游城市，有些公交线路和停靠站点甚至直接用寺庙的名字命名。哪怕是小一点的村镇，也会在主要火车站附近设有游客服务中心。那里会为游客提供游览地图，也会提供相关的旅游服务信息（常用英语），以介绍当地有名的庭园。

枯山水庭园是四季观赏型庭园，但作为庭园组成部分之一的借景通常在4月到11月期间是最佳观赏时节。不过，一些庭园爱好者却格外偏好冬日的庭园风光。在游客稀少、庭园景观化繁为简之际，他们却在此时纷沓而来，陶醉其中，流连忘返。

1 龙安寺
2 南禅寺
3 龙源院
4 芬陀院
5 东福寺
6 松尾大社
7 正传寺
8 岸和田城
9 赖久寺
10 足立美术馆
11 千秋阁庭园
12 常荣寺
13 知览园
14 加拿大大使馆
15 宫良殿内庭园

龙安寺

平安时代，龙安寺所在地属于当时权倾一时的藤原家族（Fujiwara family）。1450年，细川胜元（Katsumoto Hosokawa）建造了龙安寺。但应仁之乱之后，寺庙被严重毁坏，后于1488年进行了重建。1790年，一场大火再次将龙安寺焚毁，但寺中那座建于1499年的庭园却未受影响，保存完好。虽然主流的说法是相阿弥是这座庭园的设计者，但至今仍未有定论。有的学者认为真正的建造者是当时流放于河畔区的奴役，他们是日本最早的全职作庭师。龙安寺庭园位于京都西北边，一直以来并不被视为正统庭园，在20世纪30年代之前一直乏人问津。龙安寺庭园是一座典型的枯山水庭园，用耙制出的砂坪和石头表现了真正的流水和自然景观。庭园中用十五尊大小不一的石块，按照“五 — 二、三 — 二、三”组成“七五三”石组。站在廊檐下，无论从什么角度看，都只能看到十五块石头中的十四块，其中总有一块是看不到的。枯山水庭园以抽象的景观著称，是冥想参禅的绝佳之地。观赏者置身其中，便也成了庭园景观不可缺少的一部分，赏景的过程亦是净化内心、参悟佛理的过程。庭园中几乎没有花卉草木，只在石头周围可见簇簇青苔，绿意盎然。那朴素斑驳的围墙让整个庭园简明单一的线条变得恬静柔和，给人以“采菊篱东下，悠然见南山”之感。很多禅宗修行者都笃信，通过不断的潜心参悟，就可以领会石组之妙趣，参透布道者的深刻寓意，并从中窥见广袤的宇宙。这一说法无疑让原本就充满神奇色彩的枯山水庭园变得更加神秘莫测。

第86—87页图： 从京都芬陀院（Funda-in Temple）茶庭看到的庭园景观。

右页图： 龙安寺庭园的空间结构在设计上无与伦比，是世界上极好的枯山水庭园之一。

右图： 龙安寺是临济宗寺庙，寺内朴实无华的石庭中除了绿苔并无其他植物。

左页图： 龙安寺庭园是平面庭园，没有筑山，是典型的“平庭式庭园”。

上图： 龙安寺镜容池周围种着樱桃、松树、鸢尾和引自朝鲜的山茶。

南禅寺

南禅寺就坐落在京都东部山区中，那里风景秀美，环境清幽。两座主要建筑于1611年得以重建，包括主厅、寝室和方丈厅等。寺中的庭园是后来才建的，设计者据说是小堀远州。现存的庭园呈现的，是后来中根金作历尽艰辛于20世纪70年代将其重修之后的样子。这是一座典型的枯山水石庭。从东南角的巨石往西，石块的大小依次递减，最终隐入形态万千的灌木丛中。精心打理的青苔、松树、杜鹃及枫树与白砂铺就的巨大长方形砂海交相互映，相得益彰。石庭景观形态各异，寓意丰富，其中最为人们所熟知的传奇故事要数“幼虎过河”了。传闻这一石组再现了虎妈妈驮幼虎过河的过程。这一诠释富有诗意，引人入胜，但也毕竟只是空想的传说。参观者在观赏景观时，完全可以结合自身心境阅历，以全新的角度去重新诠释它的深刻寓意。日本室町时代和桃山时代（Momoyama Period，1585年—1603年）的石庭设计精巧别致、匠心独具，而南禅寺庭园虽然也是那个时期屈指可数的著名庭园之一，却似乎少了几分精致。而它最难能可贵的地方在于园中诸景和谐交融，浑如一体。白色的围墙、古老的寺庙、高啄的檐牙和远山密林，都彼此呼应，一一入画。园内背景中最大的石头，形状酷似山峰，这或许只是巧合，但似乎更像是设计者的鬼斧匠心之所得。园中诸景巧妙融合，既层次分明又彼此呼应，再加上巧妙的借景，仿佛为门廊上的观赏者打开了一幅优美的画卷。沿着庭园里的廊道漫步，庭园周边的美景也便尽收眼底。

右页图： 南禅寺侧园，旁边建筑物的影子凸显出了庭园的形态之美。

左图： 南禅寺侧园花团锦簇的紫薇树和绿苔环绕的巨石。

右页上图： 方丈室南面是南禅寺的主庭所在之处。庭园以远处的青山为背景，位置绝佳。据说这座石庭是1600年由小堀远州设计建造的。20世纪70年代，中根金作对其进行了修复。

右页下左、下右图： 从南禅寺一处走廊上看到的侧园景观。

左页图：近代以来，一枝坦庭园经过了修缮。图中的鹤岛、龟岛石组，以及神秘的蓬莱山石组，是庭园设计中的传统主题。

龙源院

大德寺分寺龙源院的枯山水庭园始建于室町时代，由五座庭园组成。龙吟庭（Ryugin-tei garden）是须弥山样式的石庭，是日本非常古老的枯山水庭园之一。庭中共有三十块石头，包括位于中心的三尊石组：中间一块巨大的立石，另有两块稍矮些的石头分立两侧，伴随左右。这三十块石头分布于象征浩渺大海的青苔之间。三尊石组中最高大的一块略倾向东方，代表须弥山。据记载，该庭的建造者是相阿弥。但这一说法似乎颇有争议。有些庭园专家认为该庭的建造者与寺庙的建造者是同一人，都是东溪宗牧（Soboku Tokei）；还有些学者认为庭园是1517年东溪宗牧去世后才建成的。

东滴壶（Totekiko Garden）是一个狭长的“庭院式庭园”(tsuboniwa)，位于主寺和厨房之间，建于1958年。庭中只有沙砾和一块石头，造型简洁。这是龙源院中极具吸引力的庭园之一。

造型简洁明快的一枝坦庭园（Isshidan）建于于20世纪80年代寺庙翻修之时。其名字源于寺庙的建造者东溪宗牧。他在参悟了某个深奥的禅理之后，得名“灵山一枝之轩”(Ryozan-isshi-no-ken)。整个庭园设计简约，寓意清晰。庭中的巨石分别象征着龟岛和鹤岛，以及中国神秘的蓬莱仙山——传说中神仙们所居之地，精心耙制出波纹的白砂则象征着浩瀚无垠的大海。

左上图： 位于龙源院狭长天井中的一处枯山水庭园，建造于1958年，简约而精致。

右图： 寺庙东边悬挂着的铁灯笼，在午后的阳光下，拉长的影子映在了后面的草帘上。

右上图： 作为日本古老枯山水庭园之一的龙吟庭，建于16世纪初期。庭园遍布绿苔，高耸的立石代表着传说中的须弥山。

右图： 日本最小的石庭“东滴壶庭园”。庭中用一块石头代表滴入汪洋大海中的一滴水，涟漪荡漾开来，归于无垠浩渺之中。

芬陀院

芬陀院庭园内有美丽的山茶花墙、青翠的竹林，还有修剪成球形的灌木，和青苔与沙砾相映成趣，清雅别致。这里的景观给人以古老悠远之感，似乎能将人带回到过去，带回到庭园的建造者，著名作庭师兼画家雪舟（Sesshu，1420年—1506年）生活的年代。这座庭园也被称为雪舟院（Sesshu-in）。

芬陀院是东福寺的分寺之一，长期以来并未受到关注，但其景观却异常精美。庭园内有龟岛和鹤岛石组，周围生长着碧绿的青苔。19世纪早期，鹤岛石组不知出于什么原因被拆除了。庭园也曾经历过火灾，加上一直以来乏人问津，最初的枯山水庭园后来便衰败了。

庭园南面，白色的砂坪与翠绿的青苔相互映衬，青苔尽头是茂密的树篱。延绵起伏的青苔象征着浩瀚的海洋，龟岛和鹤岛这两组石组便浮现于其间。园中的龟鹤及青松都代表着长寿。庭园东面的苔坪中嵌有更多的石块，这些石块前后相继，代表着东海中神秘的神仙岛。

方丈室后方有一座小型的茶庭，带有茶室。置身于茶室之中，从满月般的圆形窗户向外望去，庭中景观美不胜收，如同展开的画卷。该庭园于1939年由重森三玲进行了修复。他还在庭园东侧的方丈室旁边增加了一个小型的龟鹤庭。历经岁月变迁，这座庭园已不再是其初建时的样子，但雪舟最初建庭时的想法和理念却在后来的重修中被承袭了下来。

右页图： 两层石头平台的顶端是庭园的龟岛。近前的拉门（shoji在日语中为“障子”，是日式房屋用的纸糊木框）上贴着带有压花的手工窗纸。

左图： 从茶庭向外望去，可见侧园的青苔以及小型石组。这些石组分别代表着龟岛、鹤岛和蓬莱仙山。

下图： 芬陀院庭园大约建于1465年，最其中主要的龟岛石组建在两层石头平台的顶端。龟与鹤均代表着长寿。

左图： 庭园中的一处经典的组合景观，包括水盆、竹水管和石灯笼。

上图： 寺庙屋顶的装饰瓦。用旧瓦片来装饰庭园是回收旧物再利用的做法。很多旧物都可以起到增光添彩的作用，让庭园具有更加浓厚的历史文化色彩。

东福寺

东福寺是临济宗寺庙之首，建于禅宗开始盛行的镰仓时代。重森三玲于1938年修建了方丈庭（Abbot Hall garden）。当时寺庙已负债，他便提出免费建造该庭，前提是让他自由发挥自己的创意，不受旁人干涉。

重森三玲创作的庭园名叫“八相庭”（Hasso no Niwa garden），寓指释迦牟尼现世以来对众生显示的八种相。方丈庭南侧的庭园是根据禅宗传统设计建造的，铺展开来的砂坪代表着广阔的海洋。东庭角落里的石组象征着中国传说中的东海仙岛。而西庭绿苔覆盖的土丘则代表临济宗五山。

北庭用方形石板和青苔设计出了棋盘的样式。基于“市松”（ichimatsu，意为“网格纹样”）这一传统设计风格，方形石板（回收再利用的旧铺路石）和如稻田般的雪松苔相间并行。观赏者面对这样的石苔矩阵，会感受到其设计的现代感，让人不禁联想到欧洲抽象派画家彼埃·蒙德里安（Piet Mondrian）的作品。东庭的北斗七星设计是日本首个代表宇宙星辰的庭园作品。在建造这座庭园时，重森三玲把从寺庙厕所拆下来的七根柱石回收再利用。北庭和东庭也都很好地践行了“旧物利用”这一设计理念，将旧物重新运用到了新庭园的建造当中。

左页图： 八相庭最主要的构成部分是方丈厅，方丈厅前面是八相庭的南庭，庭园中运用了诸多景观设计元素，精美如画，寓意深刻。

左图： 东福寺分寺开山堂（Kaisan-do）的庭园。园中山石掩映于青翠绿植之中，与清清池水相映成趣，庭对面是方形的砂坪。

右页上图： 方丈南庭中青苔覆盖的土丘代表着京都临济宗五山。

右页下图： 以池塘和假山为特色的开山堂庭园建于17世纪早期，图为该庭中的石头。

东福寺附近的分寺普门院（Fumon-in）中的庭园年代更加久远。庭中有精心打理的砂坪，耙制成了棋盘的样式，重森三玲设计方丈庭时大概也是受到此处砂坪的启发。砂坪一角是立石、青苔和灌木，共同组成了龟与鹤的形状。一条小路贯穿于庭中，路旁是池塘，有石桥横跨其上，还有精心修剪过的灌木、立石以及石盆等。这里绿意盎然的景观与庭园西侧的枯山水景观形成了鲜明的对比，相映成趣。

左页图： 方丈庭北庭中方石板和青苔组成的方格形景观是基于“市松”这一传统纹样设计建造的。所使用的方石板是旧的铺路石。

下图： 开山堂庭园东侧，茂密的灌木、立石和青苔和谐相融，紧凑有致，生机盎然，与一旁的砂坪相呼应，共同构成了整个庭园景观。

右图： 洁净无瑕的棋盘式砂坪，占据了开山堂庭园一半的空间。

左图： 与众多石庭一样，东福寺的庭园设计也主要运用了严谨的空间分割法。

下图： 图中的石组代表北斗七星，所用的石头是从厕所中拆下的柱石。

上图： 砖、石和沙砾的组合运用是枯山水庭园常见的表现手法。

左页图： 住持庭南侧的四组石组之一，代表着神仙岛。

松尾大社

京都松尾大社（Matsuo Taisha Shrine）庭园是重森三玲最后的作品，也有人说这是他最后的杰作。他在此处共建造了三座庭园，其中有两座是枯山水庭园。

曲水庭（Kyokusui no Niwa garden）毗邻混凝土建筑藏宝居与建于1973年的拜殿。一条小溪从松尾山（Mount Matsuo）流出，穿过庭园，水流清浅蜿蜒。小溪从西南方向流入庭园，又从北边流出，两岸排布着平整的蓝色石块，溪底的沙砾与卵石清晰可见。远处，大小不一的立石掩映于高低起伏的杜鹃花丛中。杜鹃花被修剪成了龟形，与神社后方的松尾山遥相呼应。庭园东边有小路延伸过去，路面平整，观赏者可以沿小路漫步庭间。建造这座庭园时，重森三玲身体状况欠佳，前后用了整整一年的时间才最终完工。重森三玲于1975年3月12日逝世，庭园的最后一部分是在他的大儿子重森完途（Kanto Shigemori）的主导下完成的。

松风苑（Joko no Niwa garden）建在陡坡之上，紧邻藏宝居，是一座生机盎然、富于变化的庭园。因为要在神社里面建庭园，重森三玲便再现了传统日式庭园，在园中建了磐座，即神道教中众神的聚集之地。重森三玲深信，作为神祇被膜拜的古代磐座便是日本庭园之雏形。

右页图： 曲水庭得名于日本古时的一种习俗，人们用小船载着布偶顺水漂流，以此祈求将霉运带走。

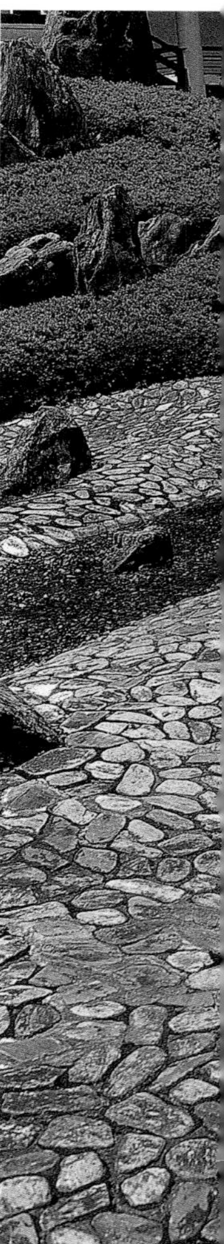

园中所用的石头都是从四国岛运来的蓝色绿泥石片岩。庭中的石块按从小到大的顺序依山势从低到高布置，山顶上的石块重达五吨到八吨。重森三玲建造此庭时已行将就木，当时的他也似乎已触及到了神祇，他曾说：“要想用石块建造磐座，作庭师自身须在心中达到与神祇心意相通，由此可以得知作庭师是否虔心皈依于众神，以及他的心灵是否足够洁净。”

左页图： 蓬莱庭由重森三玲设计，最终由其大儿子重森完途建造完成。

左图： 日本神社中鲜有枯山水庭园。水、砖石及水泥等元素的运用使该庭独树一帜，与众不同。

上图： 波浪形的图案是重森三玲铺设庭园小路时偏爱的设计。

右图： 建造盘座庭时，重森三玲回归传统日本庭园风格，建造了诸神集会之地“磐座”。

正传寺

与很多石庭一样，正传寺这座江户时代早期的枯山水庭园，也是在有限的空间内设计布景的。此外，庭园的借景也让观赏者可以在方寸之地看到无比广阔的自然风光。门廊下面是白砂坪，一条小径穿过树林直通到寺庙前，抬头便可见远处的比睿山。这里没有林立的高楼大厦，也没有交错密布的电线，一切都是最本真自然的模样，丝毫不受外界的打扰。

庭园两侧有白色黏土墙围边，墙顶覆以黑色的瓦片，黑白相衬，简洁明快。从园墙尽头的小门穿过，便可见一排茂密的树木，此处便是庭园的第三处景观。与其他枯山水庭园不同，该庭园并没有运用具有吉祥寓意的“七-五-三”石组，而是从南至北种植了密密丛丛的杜鹃花。江户时代早期的石庭都尽量避免使用偶数石组，因为当时中国的《易经》崇尚奇数，认为“奇数代表吉祥和谐”。

京都北郊，环境清幽，绿树葱郁的山间陡坡上便是正传寺的所在之处。寺内庭园设计精妙，但其清净自然、宛如桃源的自然环境才是其真正魅力之所在。

右页图： 远处比睿山的轮廓峻拔恢宏，与近处的树影遥相呼应，形成了绝佳的借景景观。

左页图： 园中的黏土墙墙体通白，黑瓦覆顶，墙边是团团簇簇的灌木。墙外是绿树丛林，墙内是平整的砂坪，仅一墙之隔，风景各有千秋。

右图： 水盆中所盛的是真正的水，而旁边则是以抽象手法用砂砾铺成的“砂海”。

岸和田城

位于大阪的岸和田城最令世人瞩目的地方在于一座由重森三玲于1953年建造的庭园。岸和田城曾是具有重要军事意义的城堡，受此启发，重森三玲将园中石组根据传说中诸葛亮所使用过的八卦阵进行布置。整个设计的中心是作为“阵中”的石组，也是整个庭园的主景。阵中位于庭园中央最高处，天、地、风、云、龙、虎、凤、蛇等八个辅阵分布在周围。重森三玲最喜爱的石头是蓝色绿泥片岩。在这座庭园中可以见到不少这样的石头。除此之外，他还运用了许多其他耐用材料来表达抽象的寓意。

与其他石组景观不同的是，该庭可以从七个不同的视角进行观赏。观赏者沿庭园外围变换位置时，所看到的庭园景观也会随之改变。站在城头向下望，可以俯瞰整个庭园，也可以看到整个城的布局，城中有防御筑垒和护城河，依稀可辨其最初的样子。

在设计该庭时，重森三玲并没有单纯地使用砂石，而是巧妙运用了角度的变化和墙壁的线条感，庭园整体设计风格与传统的枯山水完全背道而驰。重森三玲将该庭园设计成了可以进行演出和展览的场所。在庭园建成两年以后，这里便举行了金属雕塑展和舞蹈表演。重森三玲本人编排了这次舞蹈表演，这也是有史以来第一次在枯山水庭园里进行的表演。

左页图： 岸和田城庭园布局与传统枯山水大相径庭，却再现了岸和田城最初的结构布局。

上图： 中间的几块立石代表着传说中诸葛亮的八卦阵。

右页图： 从岸和田城的顶层可以俯瞰整个庭园，以居高临下的视角可以更好地观赏石块的线性排布。

赖久寺

赖久寺位于高梁市，是由小堀远州设计建造的寺庙庭园。小堀远州是日本一流的枯山水庭园设计师，也是茶道的倡导者。沿着古老的石阶拾级而上，便来到了寺庙跟前。石阶小路上绿草丛生，可见赖久寺庭园虽年代久远且具有重要的文化地位，但平日里并没有络绎不绝的访客来打扰它的宁静。

小堀远州是善用砂石进行景观创作的大家。庭中主要的景观是由三块石头组成的“龟鹤岛”，中间是一块高大的立石，周边是精心修剪过的杜鹃花丛。目光越过杜鹃花丛，便可见远处的爱宕山，这是枯山水庭园最常用到的经典手法“借景”。

庭园中有全日本最负盛名的绿植雕塑景观。经过精心修剪的杜鹃花丛团团簇簇、起起伏伏。杜鹃花丛后面是大片的山茶花，与杜鹃花丛一前一后、一高一低，形成了错落有致的绿植景观。杜鹃花丛高低起伏，仿佛是旁边白色砂海里卷起的巨浪，又仿佛是天空中翻滚的云朵。

这座庭园的设计追求的是整体景观的和谐与观赏者内心的宁静。与其他大多数枯山水庭园一样，赖久寺庭园也会给观赏者带来两种体验：置身园中会立刻感受到前所未有的宁静，以及远离喧嚣尘世的轻松感；继而又会让观赏者陷入沉思冥想之中，从而更好地欣赏庭园景观。

上图：寺庙瓦檐下的卵石和铺路石是后来添加的，可以在下雨天帮助排水。

右页图：这座小堀远州精心设计的庭园包括“鹤岛”和“龟岛”，还巧妙地运用了爱宕山作为借景。

上图： 赖久寺中有全日本最负盛名的绿植雕塑景观。

右页图： 坚硬却仿佛游移不定的石头排列成几条线，旁边与之形成对比的是纹理恰似流水的白砂坪以及如波涛般起伏的杜鹃花丛。

左页图： 中根金作建造的这座庭园规模宏大，不同凡响，占地面积达四万三千平方米。

足立美术馆

足立美术馆（Adachi Museum）距离松江市（Matsue）约二十千米。这里以收藏众多日本当代著名绘画作品和陶瓷艺术品而闻名。然而，让足立美术馆声名在外的另一个更重要原因，则是这里的庭园景观。中根金作于1970年建造完成了这几座相互连通的庭园，总占地面积为五万平方米，堪称现代庭园的一大杰作，对于庭园建造来说意义深远。

这里有枯山水庭、白砂青松庭、苔庭、池庭和茶庭。不同元素经过巧妙设计，交错相融，形成了一幅连续的枯山水画卷。美术馆的长廊、侧厅、宽敞的窗户以及开放的露台便如同画框一般，将美景一一呈现在人们眼前。沿着画廊前行，精心打造的庭园景观次第显现，步移景异。足立全康（Zenko Adachi）出资修建了足立美术馆，他曾评价“这座庭园就好比一幅画卷”。恰如足立全康所说，游客们漫步于馆内时，就仿佛置身于画中。

足立美术馆曾被评为“最美日本庭园”。庭园中种植着许多小型树木，还有松树、灌木，以及如波浪般起伏的草坪。这些郁郁葱葱的绿植与白色的砂坪对比鲜明，相映成趣。园中几处借景中最令人赞叹的要数高达十五米的瀑布了。这条瀑布所在的位置远在庭园范围之外，与庭园之间尚有一条小径相隔。由于绿树高低错落，游人很难看到掩藏其间的小径。瀑布从岩石顶端飞泻而下，与园中景观完美融合，浑然天成。有七位作庭师长期负责庭园的修整与维护工作，让园中景观经年累月而完美如初。中根金作将此庭视为其所完成的最重要的作品。

上图： 中根金作巧妙地将远景融入到庭园景观当中。还有一条瀑布隐藏于其间。

右图： 投资修建足立美术馆的足立全康曾这样描述它的美：“这座庭园就好比一幅画卷。”

右图： 这并非一处严格意义上的枯山水庭园，庭中种植了许多松树，还有精心修剪的灌木以及延绵起伏的草坪。

千秋阁

千秋阁始建于1590年，原是德岛城（Tokushima Castle）中一处书院造宅邸的一部分，历经数百年，依然美不胜收。

千秋阁所在的地方现在已是一处公园，进园需购买门票，票价不贵。园内有一座池山庭，还有一座枯山水庭。园中可见很多蓝灰色的巨石，有的用来搭桥，有的用来围堤，有的用来铺路，还有的组合在一起，象征着传说中的蓬莱仙山。这些颜色形态极具特色的石头体现了桃山时代庭园和城堡的建筑风格。与石头的坚硬冷峻形成鲜明对比的是园中一簇簇的杜鹃花、樱桃树、松树以及高大的铁树。

枯山水庭中一座长约十米的石桥将“龟岛”和“鹤岛”连接了起来。这应该算得上是日本枯山水庭园中最长的一座石桥了。游客们似乎都喜欢到桥上走一走。日本古代庭园建造典籍《作庭记》中提出了“庭园中，卧石的数量应多于立石”的建造理念。这座庭园中的枯山水部分恰好是这一建造理念的体现。

右页图： 千秋阁建成于1590年，直至1908年才得名“千秋阁”。

左页图： 长约十米的石桥将“鹤岛”和“龟岛”连接了起来。

右图： 松树和杜鹃花丛让庭中的巨石少了些许坚硬与冷峻。

下图： 杜鹃花和松树旁边栽种着高大的铁树，为这座枯山水庭增添了亚热带风情。

常荣寺

位于山口市（Yamaguchi）的常荣寺庭园也被称为“雪舟花园”，是当地极富权势的宗族领袖大内正弘（Masahiro Ouchi）宅邸的一部分。它在1455年被改建成一座寺庙，取名“常荣寺”。

画家雪舟曾在中国学习绘画。当年他乘坐大内正弘家族的商船回到国内时，被请去为常荣寺设计一座传统的日本庭园。显然，当时人们都认为画家来做景观设计师再合适不过。正如唐纳德·里奇所描写的，在那个时代，“画家描绘风景，而当时的庭园，无疑就是风景”。

雪舟的整个设计包括了石组、立石、草坪以及荷花池。寺庙后面宽阔的木制阳台是欣赏整个庭园美景的最佳位置。庭园主景观四周有小径通向各处，一条通往观景阳台，另一条一直延伸到树林里。这两条小路让人们可以从不同的角度去观赏庭园景观。

园中岩石按数量不同组合成包括三尊石组在内的不同石组景观，四周种植着低矮的灌木。这些石组景观大多着力于表现中国山水之魅力。园中还用立石和灌木组合成了倒扇形景观，代表日本的富士山。此外，园中还有“龟岛”和“鹤岛”，一条抽象的枯山水瀑布沿着山谷“倾泻而下”。石块的不同组合呈现出层次丰富、恢宏壮观的庭园景观。

常荣寺庭园是雪舟早期的作品。当时的雪舟虽年纪尚轻，但他在线条运用和构图方面表现得非常老练和笃定。仿佛这座庭园便是他自己水墨画的三维延伸。研究东方学的专家欧内斯特·费诺洛萨（Ernest Fenollosa）曾在书中这样描写雪舟：“放眼全球艺术界，雪舟在直线和角的运用方面算得上是最厉害的大师。”

该庭的设计意图是尽量去掉纷繁复杂的色彩，让人们更容易进入心无旁骛、凝神静息的状态。而一到夏天，庭园里便呈现出另一派绿意盎然的景象，荷花池里黄色的荷花静静绽放，美如画卷。眼前所看到的仿佛并非枯山水庭园，而是一座天堂花园。

右页图： 心形池塘让这座枯山水庭园少了分“枯意”，多了些“水韵”。

上图： 园中的石组以三维立体的方式将雪舟的画作呈现出来。

右图： 利用直线和平顶石块表现出了清晰的棱角。雪舟的画作及其庭园设计都具有棱角分明的特点。

上图： 修剪过的树篱和石头组合成了山峰的形状，酷似富士山，形神兼备。

右图： 池塘被分成了两部分，中间是一座土桥。池塘中有“舟岛”“岩岛”“鹤岛”及“龟岛”。

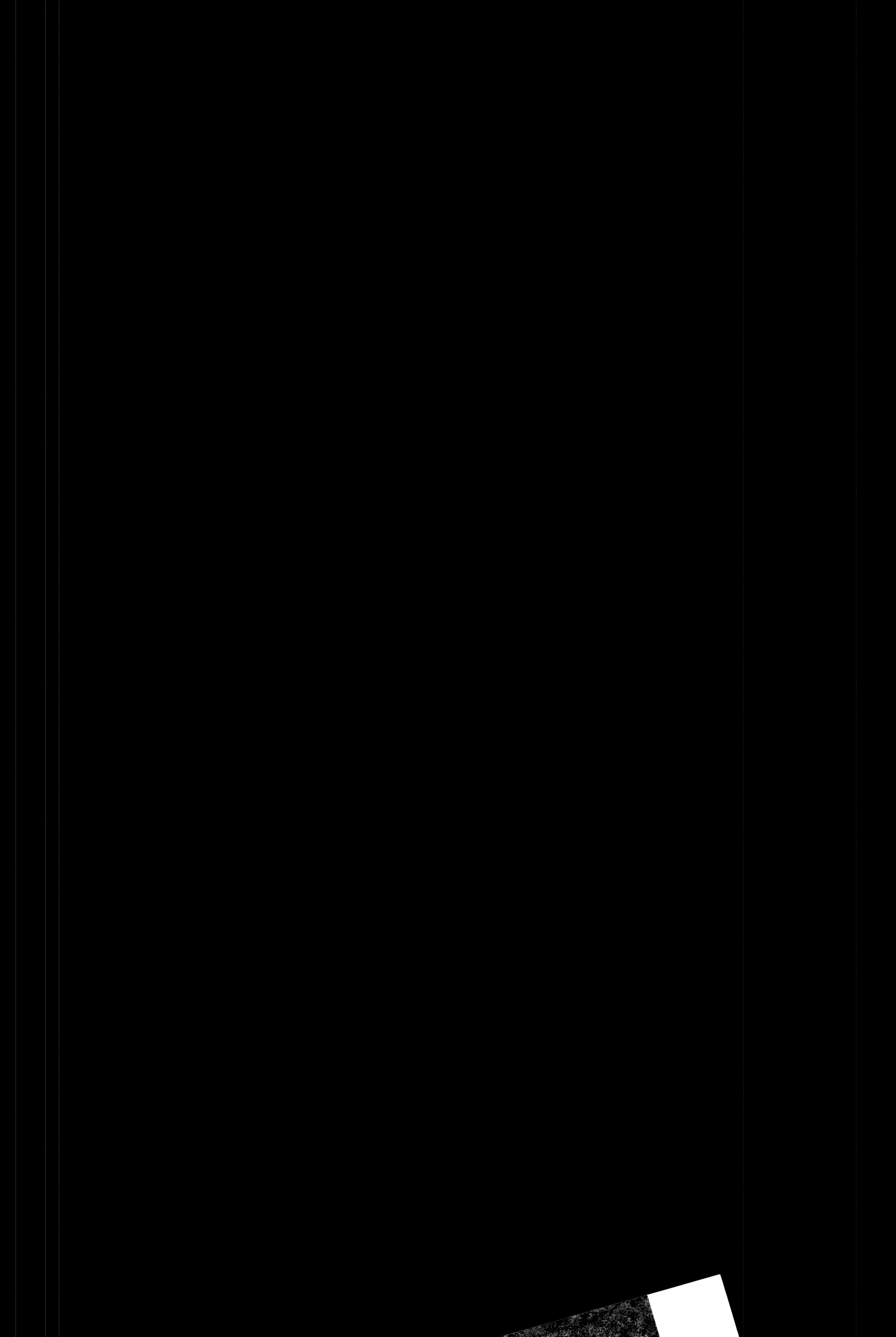

加拿大驻日本总领事馆

位于东京青山区（Aoyama district）的加拿大驻日本总领事馆内有一座石庭。该庭建于1991年，是景观设计师枡野俊明设计建造的。作为一名禅师、作家和庭园理论家，枡野俊明无疑是建造该庭最合适的人选。这座庭园象征着加拿大和日本两国之间的友谊。

该石庭建于使馆上层宽阔的东向平台上。庭中运用多块外形不规则的巨石，呈现出加拿大地盾区的广阔地貌和独特景观。这些巨石只经过了粗略的切割，棱角分明、线条粗犷，以表现出加拿大地盾区崎岖险峻的地貌特征。石头上一道道的楔形孔洞也被原样保留了下来，未加修饰。花岗岩巨石的重量对于平台来说难以支撑，后来便对巨石内部进行了掏空处理，着实费了一番苦心。庭园一角是人形石堆（inukshuk），这是住在加拿大北极地区的因纽特人所使用的一种标记。在庭园北侧有三块金字塔形的石块，代表着落基山脉（Rocky Mountains）。

庭园主庭的上方便是大使馆突出的屋顶，整个庭园景观便被笼在其中，恰如一幅镶在画框里的锦绣山水图。巧妙铺排的地砖将主建筑和石组景观连接在一起，庭园中简洁纯粹的石景和由混凝土及玻璃建成的现代建筑互为补充，相得益彰。

一座真正的现代庭园也会遵循传统的作庭方法。东边高桥纪念园（Takahashi Memorial Garden）内那一排排齐整的树木，以及东北边赤坂宫（Akasaka Palace）里高耸的树冠，都以江户时代的借景形式完美地融入到了庭园景观之中。

右页图： 加拿大具有被冰川撕裂而形成的天然地质景观，枡野俊明率领的石匠们便保留了石块裂开时的样子，未加修饰。

上图： 花园的一角矗立着一块标志石（又叫“人形石堆”），是加拿大北极地区因纽特人的象征。

右图： 铺路石、切割石、松散碎石和砂石组合在一起，成就了高度和谐的石庭景观。

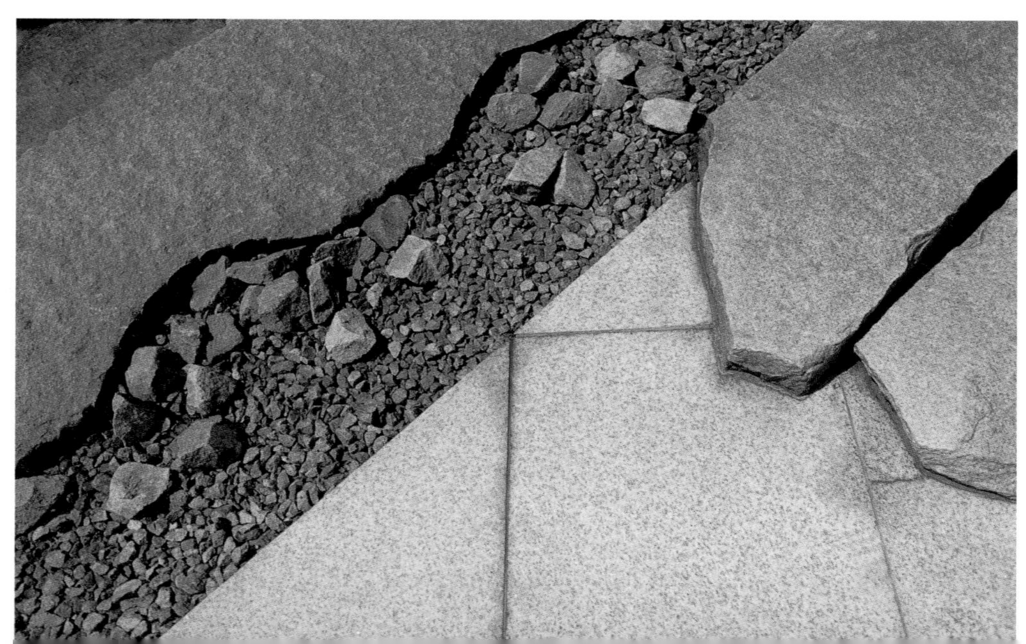

左图、上图： 在建造庭园的五年时间里，大型花岗岩石曾被运到使馆四楼的加固平台上。由于巨石太重，事先要小心地将其内部掏空。

左页图： 冲绳庭园反映出了气候和园艺的地域差异，也反映出了人们在品味和文化偏好上的差异。

宫良殿内庭园

世界上最早的花园大概是由珊瑚组成的吧，透过如玻璃般透明的海水，便可窥见珊瑚群构成的天然美景。完美的色泽浑然天成，仿佛只有神灵才配拥有那无与伦比的美。在冲绳，那些居住在珊瑚岛上的人们便拥有这样得天独厚的条件，可以好好地欣赏这些“海洋花园”，从这些自然美景中汲取庭园建造的智慧和灵感。

位于石垣岛（Ishigaki Island）上的宫良殿内庭园（Miyara Dunchi）是一座武士风格的宅邸，位于老城区的一条小巷中。1819年由八重山（Yaeyama）地区的地方官宫良当演（Miyara Peichin Toen）建造，是冲绳现存最古老的武士风格建筑。阳台上破旧的木头长期被海水侵蚀，析出了厚厚的盐层。从阳台上可以看到整座枯山水庭园的景观和总体布局，其设计更多地受到了中国元素的影响。

日本其他地方的庭园通常会选用表面较为光滑且遍布青苔的石头。而珊瑚岛当地的石头却是棱角分明、尖利嶙峋的。这种石头在当地庭园中运用普遍，备受人们喜爱。如果说岩石通常代表着山峰，那么在冲绳，岩石还可以代表海边的悬崖峭壁。因为近海的缘故，这里的石组景观所表现出来的便是错综复杂、连绵不绝的岩石堆。石头表面凹凸不平，粗糙多孔，与中国古典园林中的石头如出一辙。庭园中各种绿植颜色深浅不一，有大簇的叶兰，还有生机勃勃的大株铁树。这大片的绿色和旁边或红或黄的木槿花相映成趣，营造出了冲绳特有的庭园风格。

下图： 在这座亚热带岛屿上，“冲绳墙”具有独特的美学魅力，其建造材质是有生命的。例如，附近的Taketomi-jima岛上的这面墙就是如此。

右图： 园中的小型石头和铃兰等植物极具亚热带风情，使冲绳的庭园风格独特，与日本大陆上的其他庭园风格截然不同。

上图： 各种绿植颜色深浅不一，有大簇的叶兰，还有生机勃勃的大株铁树，与珊瑚石完美地融合在一起。这些珊瑚石让人联想起中国园林中堆叠的石头，表面凹凸不平、粗糙多孔、棱角分明、尖利嶙峋。

词汇表

ao ishi：“青石”，一种蓝绿色绿泥石片岩。

bonseki：“盆石”，即“盆景山水”，放置于干燥托盘上表现自然景物的石头。

chozubachi：“手水钵”，即洗手钵。

gohei：“御币”，一种神圣的纸制长带。

hensei-gan：“变成岩”，即质地坚硬的变质岩。

hinbon seki：“品盆石”，即水平三尊石组。

hira-niwa：“平庭”，枯山水的一种常见庭园风格。

hojo：“方丈”，即方丈室。

inu-bashiri：“犬走”，一种在墙壁和庭园之间用小石块铺成的长条状装饰图案。

ishi-tate-so：“石立僧”，即通晓作庭技艺的禅师。

ishi wo taten koto：立石艺术。

ishi usu：“石臼”，即石磨。

iwakura：“岩仓”，意为“磐座”，被作为神灵来朝拜的巨石。

iwasaka：“磐境”，即神界。

kami：神道教的神。

kasei-gan：“火成岩”，即表面粗糙的火成岩或岩浆岩。

kekkai：“结界”，即分隔人间和神界的边界。

kiyome-no-mori：“净之森”，即神道教神社前庭常见的两个锥形砂堆，代表着圣洁。

kansho niwa：“鉴赏庭”，即观赏庭园。

karesansui：“枯山水”，即枯山水庭园。

karikomi：“刈入”，即绿色雕塑艺术。

kiirishi：“割石”，即切割石。

masago：“真砂”，即花岗岩经风化而逐渐变成的颗粒状沙砾。

mikage ishi：“御影石”，即花岗岩。

mitate-mono：“见应物”，即回收后用于建造庭园的旧物。

miyabi：“雅”，即优雅与高贵。

mu：“无”，即虚无。

mujo：“无常”，即无常与寂灭，与佛教中的“浮世”有关。

mutei：“无亭”，即“空寂庭园”，即简洁小巧的石庭。

nachiguro：“那智黑石”，即黑色卵石，有时会用来给庭园围边。

nantei：“南庭”，即寝殿造庭园中南侧铺有沙砾的庭院。

neribei：“炼塀”，即黏土墙。

niwa：“庭”，即庭园的通称。

ryu-mon-baku：“龙门瀑”，一种石组，用石头组成，而非真正的水。

sakutei-ki：《作庭记》，成书于11世纪的重要的作庭指南。

sanzonseki：“三尊石”，即三尊石组，由三块石头组成，代表须弥山或蓬莱山。

sensui kawaramono：“山水河原者”，即河畔地区下层人民，他们中有些是出色的作庭师。

shakkei：“借景”。

shiki no himorogi：“式之神篱”，即专门用于净化仪式的神圣之所。

shime-nawa：注连绳，一种圣绳。

shinden：“寝殿”，一种源自中国贵族阶层的对称式住宅。

shinden-zukuri：“寝殿作”，即寝殿造庭园。

Shinto：神道教，崇尚万灵论的日本本土宗教。

shira-kawa-suna：“白川砂”，即白川河中的沙砾。

shishin soo：“四神兽”，中国古代传说中镇守四方的四大神兽。

shoin：“书院”，即庭园旁的方丈书房。

shoin-zukuri：“书院作”，即书院造庭园，出现于寝殿造庭园之后。

shomoji：“声闻师”，即社会底层的诵经人，也是宫廷中的造庭工人。

Shumisen：“须弥山”，即佛教中位于宇宙中心的神山。

suisei-gan：“水成岩”，即经水冲刷后表面光滑的沉积岩。

suiseki：“水石”，即缩微石景，将小型石块置于盛水的托盘中以再现自然山水。

suteishi：“舍石”，意为“无名石”或“弃石”，可通过随意摆放营造出天然之感。

teien：“庭园”，即日本庭园。

tsuboniwa：“坪庭”，即庭院式庭园。

tsukubai：“筑波石”，即石水盆。

wabi-sabi：“侘寂”，历经岁月变迁的萧条凄凉之美。

yohaku-no-bi：“余白之美”，即留白之美，虚空而禅意深远。

yuniwa：“斋庭”，被指定的神圣场所。

参考书目

Berthier, Francoise, *Reading Zen in the Rocks: The Japanese Dry Landscape Garden*, University of Chicago Press, Chicago, 2000.

Borja, Erik, and Paul Maurer, *Zen Gardens*, Seven Dials, London, 1999.

Cali, Joseph, *The New Zen Garden: Designing Quiet Spaces*, Kodansha International, Tokyo, 2004.

Carver, Norma, *Form and Space in Japanese Architecture and Gardens*, Documan, Kalamazoo, Maryland, 1991.

Cho Wang, Joseph, *The Chinese Garden*, Oxford University Press, Hong Kong, 1998.

Conder, Josiah, *Landscape Gardening in Japan*, Kodansha International, Tokyo, 2002 (1893).

Covello, Vincent T., and Yuji Yoshimura, *The Japanese Art of Stone Appreciation: Suiseki And Its Use With Bonsai*, Tuttle Publishing, Tokyo, 1984.

Earle, Joe, *Infinite Spaces: The Art and Wisdom of the Japanese Garden*, Tuttle Publishing, Tokyo, 2000.

Einarsen, John, *Zen And Kyoto*, Uniplan Co. Ltd, Kyoto, 2004.

Engel, David H., *A Thousand Mountains, A Million Hills: Creating The Rock Work of Japanese Gardens*, Shufunotomo Co. Ltd, Tokyo, 1994.

Harte, Sunniva, *Zen Gardening*, Pavilion Books Ltd, London, 1999.

Inaji, Toshiro, *The Garden As Architecture: Form and Spirit in the Gardens of Japan, China, and Korea*, Kodansha International, 1998.

Itoh, Teiji, *The Gardens of Japan*, Kodansha International, Tokyo, 1984.

Keane, Marc P., *Japanese Garden Design*, Tuttle Publishing, Tokyo, 1996.

Keane, Marc P., *The Art of Setting Stones and Other Writings from the Japanese Garden*, Stone Bridge Press, Berkeley, California, 2002.

Klingsick, Judith D., *A Japanese Garden Journey: Through Ancient Stones and Dragon Bones*, Stemmer House Publishers, 1999.

Koren, Leonard, *Gardens of Gravel and Sand*, Stone Bridge Press, Berkeley, California, 2000.

Kuck, Lorraine, *The World of the Japanese Garden: From Chinese Origins to Modern Landscape Art*, Weatherhill, New York, 1984.

Kuitert, Wybe, *Themes in the History of Japanese Garden Art*, University of Hawaii Press, Honolulu, 2000.

Main, Alison, and Newell Platten, *The Lure of the Japanese Garden*, Wakefield Press, Kent Town, 2002.

Mizobuchi, Hiroshi, *Shigemori Mirei, Creator of Spiritual Spaces*, Kyoto Tsushinsha Press, Kyoto, 2007.

Mizuno, Katsuhiko, *Gardens in Kyoto*, Suiko Books, Kyoto, 2002.

Moore, Abd al-Hayy, *Zen Rock Gardening*, Running Press, Philadelphia, 1992.

Nitschke, Gunter, *Japanese Gardens*, Taschen, Cologne, 1999.

Nose, Michiko Rico, and Mitchell Beazley, *The Modern Japanese Garden*, Octopus Publishing Group Ltd, London, 2002.

Richie, Donald, "Ryoan-ji: Notes for a Poem on the Stone Garden, " from *Partial Views: Essays on Contemporary Japan*, The Japan Times Ltd, 1995.

Shunmyo, Masuno, *Inside Japanese Gardens: From Basics to Planning, Management and Improvement*, The Commemorative Foundation for the International Garden and Greenery Exposition, Osaka, 2003.

Slawson, David A., *Secret Teachings in the Art of Japanese Gardens*, Kodansha International, Tokyo, 1987.

Tachihara, Masaaki, *Wind And Stone*, Stone Bridge Press, Berkeley, California, 1992.

Takei, Jiro, and Marc P. Keane, *Sakuteiki: Visions of the Japanese Garden: A Modern Translation of Japan's Gardening Classic*, Tuttle Publishing, Tokyo, 2001.

Treib, Marc, and Ron Herman, *A Guide to The Gardens of Kyoto*, Kodansha International, 2003.

Tschumi, Christian, *Mirei Shigemori: Modernizing the Japanese Garden*, Stone Bridge Press, Berkeley, California, 2005.

Watts, Alan, *The Way of Zen*, Vintage Books, New York, 1957.

Wright, Tom, and Katsuhiko Mizuno, *Zen Gardens: Kyoto's Nature Enclosed*, Suiko Books, Kyoto, 1990.

Yamamoto, Kenzo, *Kyoto Gardens*, Suiko Books, Kyoto, 1995.

Yoshikawa, Isao, *The World of Zen Gardens*, Graphic-za, Tokyo, 1991.

Young, David, and Michiko Young, *The Art of the Japanese Garden*, Tuttle Publishing, Tokyo, 2005.

致谢

首先要感谢日本众多的专业作庭师，他们用无比的热忱守护着这一珍贵遗产。一些寺庙的禅师和僧侣们也是这些庭园一直以来的守护者。虽然他们的辛勤劳作和付出我并未全部亲眼见到，但我要向我遇到的其中几位表示感谢，感谢他们耐心解答我的问题。

我还要感谢东京的几家图书馆的工作人员，特别是四谷区（Yotsuya district）日本基金会图书馆（Japan Foundation Library）的工作人员。参考书目中提到的所有作者都为本书的写作提供了极好的范例，通过他们的著作，我才了解到了一些鲜为人知的庭园。如果一定要特别推荐其中的一本，那一定是马克·P. 基恩写的《立石艺术》(*The Art of Setting Stones*)。该书文采斐然，令我受益良多。

本书虽可算作一本带有插图的枯山水指南，但对枯山水庭园的基本原则和设计理念也有较深入的阐述，以便拓宽读者的视野，帮助大家更深刻地理解与欣赏这些经久不衰的艺术作品。

上图： 神圣的磐座被认为是神灵的聚集之处，因此自古便是人们朝拜的对象。它的出现甚至早于日本本土的神道教。图中是位于仓敷市阿智神社中的磐座石。

图书在版编目(CIP)数据

枯山水的源与意 /（英）史蒂芬·门斯菲尔德（Stephen Mansfield）著；任艳译. —武汉：华中科技大学出版社, 2019.3
ISBN 978-7-5680-5004-3

Ⅰ.①枯… Ⅱ.①史… ②任… Ⅲ.①庭院－景观设计－介绍－日本 Ⅳ.①TU986.631.3

中国版本图书馆CIP数据核字(2019)第026672号

枯山水的源与意
KuShanShui De Yuan Yu Yi

[英] 史蒂芬·门斯菲尔德（Stephen Mansfield） 著
任艳 译

出版发行：华中科技大学出版社（中国·武汉） 电话：(027) 81321913
北京有书至美文化传媒有限公司 (010) 67326910-6023
出 版 人：阮海洪

责任编辑：莽 昱 张丹妮 责任监印：徐 露 郑红红
封面设计：唐 棣

制 作：北京博逸文化传播有限公司
印 刷：北京金彩印刷有限公司
开 本：635mm × 965mm 1/16
印 张：10
字 数：50千字
版 次：2019年3月第1版第1次印刷
定 价：168.00元

華中出版

本书若有印装质量问题，请向出版社营销中心调换
全国免费服务热线：400-6679-118 竭诚为您服务